建筑工程实操技能速成系列

99个关键词学会家装水电工技能

王茂作　主编

U0312206

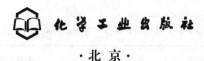
化学工业出版社
·北京·

内 容 提 要

　　本书共分为7章，内容包括：基础知识、常用材料、给水排水工程、综合布线工程、配电工程、灯具及电气系统工程、用电安全。

　　本书内容通俗易懂、深入浅出，具备很强的实际操作性，可供施工现场水电工作业人员参考学习。

图书在版编目（CIP）数据

　99个关键词学会家装水电工技能/王茂作主编．
北京：化学工业出版社，2015.3
　（建筑工程实操技能速成系列）
　ISBN 978-7-122-23088-1

　Ⅰ.①9… Ⅱ.①王… Ⅲ.①房屋建筑设备—给排水系统—基本知识②房屋建筑设备—电气设备—基本知识
Ⅳ.①TU821②TU85

　　　中国版本图书馆 CIP 数据核字（2015）第 035500 号

责任编辑：王　斌　李　健　　　　　　　　装帧设计：关　飞

出版发行：化学工业出版社（北京市东城区青年湖南街13号　邮政编码 100011）
印　　装：大厂聚鑫印刷有限责任公司
850 mm×1168 mm　1/32　印张8　字数150千字
2015 年 6 月北京第 1 版第 1 次印刷

购书咨询：010-64518888（传真：010-64519686）
售后服务：010-64518899
网　　址：http://www.cip.com.cn
凡购买本书，如有缺损质量问题，本社销售中心负责调换。

定　　价：29.00 元

前　言

　　建筑业是我国国民经济的支柱产业。近年来，为了适应建筑业的发展需要，国家对建筑设计、建筑结构及施工质量、施工安全等一系列标准规范进行了大规模的修订。与此同时，建筑工程对基层施工人员的技能要求也越来越高，他们技术水平的高低直接关系到工程项目施工的质量和效率，关系到使用者的生命和财产安全，关系到企业的信誉和发展。

　　本套丛书第一批出版的分册包括《99 个关键词学会砌筑工技能》、《99 个关键词学会木工技能》、《99 个关键词学会钢筋工技能》、《99 个关键词学会水暖工技能》、《99 个关键词学会模板工技能》、《99 个关键词学会混凝土工技能》、《99 个关键词学会测量放线工技能》、《99 个关键词学会家装水电工技能》、《99 个关键词学会钢筋下料》，我们还将继续出版其他专业的相关分册。

　　同时，本丛书是用关键词的形式突出了操作技巧，注重实用与实效，内容简明，通俗易懂，图文并茂，融新技术、新材料、新工艺与管理工作为一体的实用参考书，能满足不同文化层次的技术工人和读者的需要。

　　本套丛书符合现行规范、标准、工艺和新技术推广要求，是建筑生产操作人员进行职业技能岗位培训的必备教材。在编写过程中承蒙有关高等院校、建设主管部门、建设单位、工程咨询单位、监理单位、设计单位、施工单位等方面的领导和工程技术、管理人员，以及对本书提供宝贵意见和建议的学者、专家的大力支持，在此向他们表示由衷的感谢！书中参考了许多相关教材、规范、图集文献资料等，在此谨向这些文献的作者致以诚挚的敬意。

本书由王茂作主编，第 1 章主要由李仲杰、刘海明编写；第 2 章主要由张跃、叶梁梁编写；第 3 章主要由王茂作编写；第 4 章主要由白晓雨、张正南编写；第 5 章主要由梁燕、付亚东编写；第 6 章主要由祖兆旭、刘娇编写；第 7 章主要由吕君、朱思光编写。

由于编者的时间仓促、水平有限，书中难免出现疏漏不妥之处，敬请读者批评指正并提出宝贵意见和建议。

编者
2015 年 3 月

目　　录

第 1 章　基础知识

第1节　涉及标准及规范

★关键词 1　相关规范

《给水用硬聚氯乙烯（PVC-U）管件》（GB/T 10002.2—2003）

《带电作业绝缘配合导则》（DL/T 876—2004）

《继电保护和电网安全自动装置检验规程》（DL/T 995—2006）

《电能计量装置安装接线规则》（DL/T 825—2002）

《交流电能表现场测试仪》（DL/T 826—2002）

《连接金具》（DL/T 759—2009）

《电能表测量用误差计算器》（DL/T 731—2000）

《交流电气装置的接地》（DL/T 621—1997）

《电力变压器运行规程》（DL/T 572—2010）

《带电作业用工具、装置和设备使用的一般要求》（DL/T 877—2004）

《不锈钢管对焊接头》（CB/T 4201—2011）

《通用阀门 标志》（GB/T 12220—1989）

《呆扳手、梅花扳手、两用扳手 技术规范》（GB/T

4393—2008)

《家用太阳能热水系统储水箱试验方法》（GB/T 28745—2012)

《电信线路遭受强电线路危险影响的容许值》（GB 6830—1986)

《地漏》（GB/T 27710—2011)

《室内消火栓》（GB 3445—2005)

《家用和类似用途地面插座》（GB/T 23307—2009)

《光纤插座盒》（YD/T 2281—2011)

《室内电话机插头座》（YD/T 577—1992)

《热水器用管状加热器》（GB/T 23150—2008)

第2节　常用工具

★关键词2　钳子

钳子的种类很多，经常用到的有尖嘴钳、钢丝钳、圆嘴钳、斜嘴钳、剥线钳等。

（1）尖嘴钳主要用于夹持或弯折较小较细的元件或金属丝等，适用于狭窄区域的作业。

（2）钢丝钳可用于夹持或弯折薄片形、圆柱形金属件及切断金属丝。对于较粗或较硬的金属丝，可用钢丝钳的轧口来切断。

（3）圆嘴钳主要用于将导线弯成标准的圆环，常用于导线与接线螺丝的连接作业中，用圆嘴钳不同的部位可弯制出不同直径的圆环。

（4）斜嘴钳主要用于切断较细的导线，特别适用于清除接线后多余的线头和飞刺等。

（5）剥线钳是剥离较细绝缘导线绝缘外皮的专用工具，一般适用于线径为 0.6～2.2mm 的塑料和橡皮绝缘导线。

★关键词3　扳手

扳手可分为活扳手和呆扳手两大类，使用时应注意以下事项。

（1）握住扳手柄的手越靠后，扳动起来越省力，但不得在扳手柄上添加长柄以增加扭力。

（2）使用扳手应注意用力适当，防止用力过猛。紧固时，应适可而止，否则可造成螺丝的损伤，严重时会使其螺纹损坏而失去作用。

（3）在扳动生锈的螺母时，可在螺母上滴几滴煤油或机油。

（4）使用呆扳手应注意扳手口径应与需要旋动的螺母（或螺杆等）规格尺寸一致（如外六角螺母），扳手的口径过小则不能用，过大则容易损坏螺母的棱角，内六角扳手刚好相反。

（5）使用活扳手旋动较小螺母时，应用拇指推紧扳手的调节蜗轮，防止卡口变大打滑。

★关键词4　螺丝刀

螺丝刀又称改锥、起子，是常用的紧固和拆卸螺钉的工具。螺丝刀的样式和规格很多，常用的螺丝刀有一字形和十字形两种。

一字形刀头具有较大转矩，但容易脱槽，十字形刀头定位较准确。有些螺丝刀的刀头接有磁性金属材料，螺钉可以吸附于螺丝刀上，适用于无法用手碰触螺丝的情况。

使用螺丝刀时，应把螺丝刀的刀头对齐螺丝钉的槽口，需要紧固时可以按顺时针方向旋转，需要松出时则改为逆时针方向旋转。

★关键词5　电工刀

电工刀是用来剥削电线线头、切割木台缺口、削制木榫的专用工具。使用电工刀时的应注意以下事项。

（1）剥削导线绝缘层时，刀口一定朝向人体外侧，刀面与导线的夹角不应过大。

（2）电工刀一般无绝缘保护，严禁在带电导线上进行剥削导线工作，以免触电。

（3）不允许把电工刀当作手锤敲击使用。

（4）电工刀的刀刃需进行打磨，以方便剥削，但也不能过于锋利，以免剥削时削伤线芯。

★关键词6　验电器

验电器可分为低压验电器和高压验电器两种，家装工程中经常用到低压验电器。低压验电器又称验电笔，可检测电压的范围一般为 60～500V，当被测物体与大地之间的电位差超过60V 时，验电器中的氖管就会发光。

使用验电器时应采用正确的姿势，以钢笔式验电器为例。用食指或手心部分与笔尾的金属体接触，氖管小窗背光朝向自

己，用验电器的笔尖碰触被测物体。

验电器除了可以检测被测物体是否带电以外，还具备以下功能。

（1）区别直流电和交流电。根据氖管内电极的发光情况，可以区分交流电和直流电。在测量交流电时两个电极都会发光，在测量直流电时则只能使一个电极发光，且发光的一侧是直流的负极。

（2）区别相线和零线。在交流电路中，能使氖管发光的即为相线，不会发光的则为零线。

（3）识别相线碰壳。可根据氖管是否发光判断设备的金属外壳有没有相线碰壳现象。

★关键词7　电锤

电锤是一种专用的墙孔冲打工具，一般用于大直径的墙孔或是穿墙孔的冲打，其外形和结构如图 1-1 所示。电锤的工作原理是通过活塞的往复运动，利用气压来形成冲击。电锤具有较大的冲击力，但由于其体积、重量以及冲击力、扭矩较大，故适用于冲打较大孔径的墙孔。

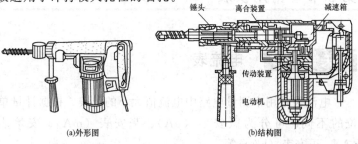

(a)外形图　　(b)结构图

图 1-1　电锤

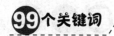

★关键词8　　冲击钻

冲击钻可当作普通电钻在金属材料上钻孔，也可在砖混结构的墙面或地面等处钻孔，其外形和结构如图1-2所示。由于其结构上的原因，冲击钻一般不适用于冲打穿墙孔或直径较大的墙孔，冲打的孔径范围通常为6～16mm。

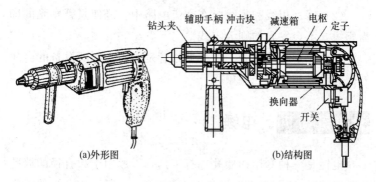

(a)外形图　　　　　　　　　　　　(b)结构图

图1-2　冲击钻

第3节　常用仪表

★关键词9　　电流表

电流表是用来测量电路中电流值大小的仪表。根据计量单位的不同，可分为微安表（μA）、毫安表（mA）、安培表（A）、千安表（kA）等。

电流表分为直流电流表和交流电流表两种，接线方法都是

与被测电路串联，如图 1-3 所示。

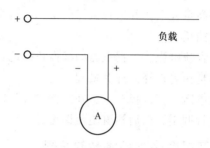

负载

图 1-3　直流电流表的测量接线

测量直流电流时，直流电路的正极接在"＋"接线柱上，直流电路的负极接在"－"接线柱上，注意正负极不能接反。

★关键词 10　万用表

万用电表是一种带有整流器的磁电式仪表，集电压表、电流表、兆欧表等功能于一身，有的万用电表还可以测量电感、电容、音频、晶体管等数值，是一种多用途多量程的便携式仪表。家装中万用表主要是检测开关、线路是否正常，以及检测绝缘性能是否正常。

1. 万用表的使用

（1）测量交流电压。选择开关旋到相应交流电压挡上。测电压时，需要将万用表并联在被测电路上。如果不知被测电压的大致数值，需将选择开关旋至交流电压挡最高量程上，并进行试探测量，然后根据试探情况再调整挡位。

（2）测量直流电压。选择开关旋到相应直流电压挡上。测电压时，需要将万用表并联在被测电路上，并且注意正、负极

性。如果不知被测电压的极性与大致数值，需将选择开关旋至直流电压挡最高量程上，并进行试探测量，然后根据试探情况再调整极性和挡位。

（3）测量直流电流。根据电路的极性正确地把万用表串联在电路中，并且预先选择好开关量程。

（4）测量电阻。把选择开关旋在适当"Ω"挡，然后两根表笔短接，进行调零，然后检测阻值即可。

2. 使用万用电表时应注意的事项

（1）测量电阻时，应切断被测电路的电源。测直流电流、直流电压时，应确认正负极接线正确。

（2）选择量程时，应由大到小选取适当位置，以免烧坏仪表。

（3）转换量程时，应将万用电表和被测电气设备断开，然后再转动转换开关。使用 R×1 挡时应尽量缩短调零的时间，以延长电池的使用寿命。

（4）测量时，应用右手同时握住两支测量笔，不能触及测量笔的笔尖或被测元器件。

（5）万用电表使用完毕，应将转换开关旋至关闭挡或交流电压最高量程挡。

★关键词 11　　兆欧表

用来测量电气设备的绝缘电阻的仪器叫做兆欧表，因为测量时需要摇动手柄，所以又称为摇表。兆欧表测量的阻值较大，单位是兆欧，用 MΩ 来表示。使用兆欧应注意的事项如下。

（1）测量时可将被测试品的通电部分接在兆欧表的 L（电

路）接线柱上，接地端或机壳接于 E（接地）接线柱上，在测量电缆导线芯线对缆壳的绝缘电阻时，应将缆芯之间的内层绝缘物接 G（保护环），以消除因表面漏电而引起的误差。

（2）测量前必须切断被测试品的电源，并接地短路放电，不允许用兆欧表测量带电设备的绝缘电阻，以防发生人身和设备事故。

（3）测量前应检查兆欧表是否能正常工作。将兆欧表开路，摇动发电机手柄到额定转速（120r/min），指针应指在"∞"位置，再将 L、E 两接线柱短接，缓慢摇动发电机手柄，指针应指在"0"位置。

（4）摇动手柄时，应由慢到快，如果指针指向零位，说明被试品有短路现象，应停止摇动手柄。

（5）测量完毕，需待兆欧表的指针停止摆动且被试品放电后方可拆除，以免损坏仪表或触电。

（6）使用兆欧表时，应放在平稳的地方，避免剧烈振动或翻转。

第 2 章 常用材料

第1节 常用管材

★关键词 12 塑料管

1. 硬聚氯乙烯管 (PVC-U)

硬聚氯乙烯管通常直径为 40～100mm，内壁光滑、阻力小、不结垢，无毒、无污染、耐腐蚀、抗老化性能好、难燃，使用温度不大于 40℃（冷水管）。

主要用于给水管道（非饮用水）、排水管道、雨水管道，连接方式为承插式和黏合式。

2. 氯化聚氯乙烯管 (PVC-C)

氯化聚氯乙烯管机械强度高、管道内壁光滑，抗细菌的滋生性能优于铜、钢及其他塑料管道。使用温度可高达 90℃左右，寿命可达 50 年。

主要应用于冷热水管、消防水管、工业管道，连接方法为熔剂黏接、螺纹连接、法兰连接和焊条连接。

3. 无规共聚聚丙烯管 (PP-R)

无规共聚聚丙烯管不生锈，不腐蚀，不会滋生细菌，无电化学腐蚀，有高度的耐酸性和耐氯化物性。在工作压力不超过

0.6MPa 时，其长期工作水温为 70℃，短期使用水温可达 95℃，使用寿命长达 50 年以上。缺点是抗紫外线能力差，在阳光的长期照射下易老化；属于可燃性材料，不得用于消防给水系统。

主要应用于饮用水管、冷热水管，连接方式有电热熔连接、热熔对接焊、法兰连接、螺纹连接。

4. 聚丁烯管（PB）

聚丁烯管机械强度高，韧性好、无毒。其长期工作水温为 90℃ 左右，最高使用温度可达 110℃。缺点是易燃、热胀系数大、价格高。

主要应用于饮用水、冷热水管，特别适用于薄壁小口径压力管道。

5. 聚乙烯塑料管（PE）

聚乙烯塑料管卫生条件好，无毒，不含重金属添加剂，无结垢，不滋生细菌，柔韧性好，抗冲击能力强。

主要用于输送生活用水管道，连接方式有电热熔连接、热熔对接焊、热熔承插连接。

6. 交联聚乙烯管（PE-X）

交联聚乙烯管卫生条件好、无毒，有折弯记忆性，热蠕动性较小，低温抗脆性较差，原料较便宜。使用寿命可达 50 年。可输送冷水、热水、饮用水及其他液体。

主要用于地板辐射采暖系统的盘管，不可热熔连接。

7. ABS 管

ABS 管是一种新型的耐腐蚀管道，综合性能好，易于成形和机械加工，表面还可镀铬，在一定的温度范围内具有良好的抗冲击强度和表面硬度。

主要用于纯净水系统、石化工业管道系统、环保行业，连接方式为冷胶溶接法。

★关键词13 金属管

1. 钢管

（1）无缝钢管。无缝钢管是一种具有中空截面，周边没有接缝的长条钢管，具有规格多、品种全、强度高、适用范围广等优点，广泛应用于管道工程中。

（2）焊接钢管。焊接钢管的机械强度高，可以承受较高内外压力，抗震性能好、质量比铸铁管轻、接头少、内外表面光滑，管身具有可焊性，方便制造各种管件，特别能适应地形复杂及要求较高的管线使用。但是，焊接钢管抗腐蚀性能差，造价较高，在给水管道中已不再使用。

2. 铜管

铜管经久耐用，化学性能稳定，耐腐蚀、耐热；力学性能好，耐压强度高，韧性好，延展性能好，便于加工安装；使用卫生条件好，对某些细菌具有生长抑制作用，可保证水质的安全。铜管一般用于水质要求高的给水系统。

目前小口径铜管的连接方式有螺纹连接、钎焊承插连接和卡箍式机械挤压连接三种基本类型，也可延伸为法兰式、沟槽式、承插式、插接式、压接式。

3. 铸铁管

（1）给水铸铁管。给水铸铁管能承受较大工作压力（0.45～1.00MPa）、耐腐蚀、价格便宜，管内壁涂沥青后较光滑，大量应用于外部给水管上。但是它的缺点是质硬而脆、重

量大、长度短、施工困难。

铸铁管的连接形式有承插式、法兰式和柔性接口三种形式。

（2）排水铸铁管。排水铸铁管采用离心铸造法铸造，管壁无砂眼和气孔，组织致密度高，壁厚均匀，管壁光滑，具有承压高、水流噪声小、接口不易漏水、耐高温、寿命长、可挠曲性强等优点。排水铸铁管常用于生活污水和雨水管道。

排水铸铁管管径通常为 50～200mm，采用承插连接。

★关键词14　复合管

1. 铝塑复合管

铝塑复合管是以焊接铝管或铝箔为中层，内外层均为聚乙烯材料（常温使用），或内外层均为高密度交联聚乙烯材料（冷热水使用），通过专用机械加工方法复合成一体的管材。具有无毒、耐腐蚀、不结垢、寿命长、柔性好、弯曲后不反弹、安装简单等优点。长期使用温度为（冷热水管）80℃，短期使用时最高温度为95℃。主要应用于饮用水管和冷热水管。

2. 超薄壁不锈钢塑料复合管

超薄壁不锈钢塑料复合管是一种外层使用超薄壁不锈钢管，内层使用塑料管，中间使用黏结层复合的新型管材。外层不锈钢管壁更薄，内衬塑料管壁厚也减少，主材价格进一步降低；表面不锈钢使塑料管与外界隔绝，克服塑料易老化、氧化的缺点，又提高了塑料管的阻燃性能与承压能力。其连接方式可采用薄壁不锈钢管的连接方式。

3. 钢塑复合管

钢塑复合管分为给水涂塑复合钢管和给水衬塑复合钢管。

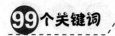

具有硬度高、刚直不易变形、耐热、耐压、抗静电、耐腐蚀、不生锈、不易产生水垢、管壁光滑、清洁无毒、自重轻、施工方便、使用寿命长的优点。根据覆层的材质不同，可分别用于给水和热水系统。

第2节 常用管件

★关键词 15　钢管接头

钢管接头的种类很多，见表 2-1。

表 2-1　钢管接头及其配件

螺纹连接管件	简图	说明
管箍		管箍又称管接头、内螺纹、束结，用于直线连接两根公称直径相同的管子
活接头		活接头的作用与管箍相同，但比管箍装拆方便，用于需要经常装拆或两端已经固定的管路上
异径管箍		异径管箍又称异径管接头或大小头，用来连接两根公称直径不同的直线管子，使管路直径缩小或放大
弯头		弯头有 45°和 90°两种弯头，用于连接两根公称直径相同的管子，使管路作 45°或 90°转弯
异径弯头		异径弯头又称大小弯，用于连接两根公称直径不同的管子，使管路作 90°转弯

续表

螺纹连接管件	简图	说明
等径三通		等径三通用于从直管中接出垂直支管，连接三根公称直径相同的管子
中小三通		作用与等径三通相似，当支管的公称直径小于直管的管子公称直径时用中小三通
中大三通		作用与等径三通相似，当支管的公称直径大于直管的公称直径时用中大三通
等径四通		等径四通是用来连接四根公称直径相同，并垂直相交的管子
异径四通		异径四通与等径四通相似，但管子的公称直径有两种，其中相对的两根管子公称直径是相同的
内、外螺纹管接头		内、外螺纹管接头用于直线管路的变径处。与异径管箍的不同点在于它的一端是外螺纹，另一端是内螺纹，外螺纹一端通过带有内螺纹的管配件与大管径管子连接，内螺纹一端则直接与小管径管子连接
外接头		外接头又称双头外螺丝、短接，用于连接距离很短的两个公称直径相同的内螺纹管件或阀件
管堵		管堵又称螺塞或丝堵，用于堵塞管配件的端头或堵塞管道预留管口

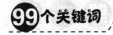

续表

螺纹连接管件	简图	说明
管帽		管帽用于堵塞管子端头，管帽内带有内螺纹

★关键词 16　塑料管接头

1. 硬聚氯乙烯给水管管件

硬聚氯乙烯给水管管件应符合《给水用硬聚氯乙烯（PVC-U）管件》（GB/T 10002.2—2003）的要求，使用前应进行抽样检测鉴定。硬聚氯乙烯给水管管件如图 2-1 所示。

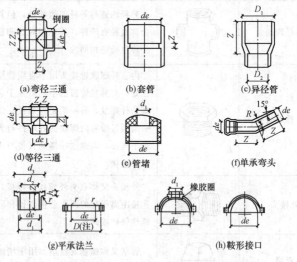

图 2-1　硬聚氯乙烯给水管管件

2. 聚丙烯管管件

聚丙烯管常采用热熔连接，但阀门等需拆卸处应采用螺纹接。聚丙烯管管件，如图 2-2 所示。

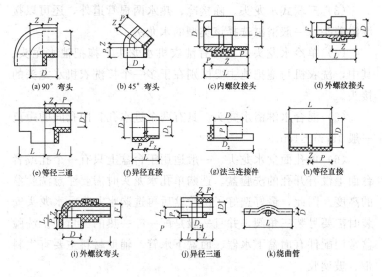

(a) 90°弯头　　(b) 45°弯头　　(c) 内螺纹接头　　(d) 外螺纹接头

(e) 等径三通　　(f) 异径直接　　(g) 法兰连接件　　(h) 等径直接

(i) 外螺纹弯头　　(j) 异径三通　　(k) 绕曲管

图 2-2　聚丙烯管管件

第3节　管道附件

★关键词 17　水龙头

（1）单联式水龙头。只有一根进水管，可以接冷水管或热水管，一般厨房水龙头、卫生间拖把池常选择该类型的水龙头。

（2）双联式水龙头。可以同时接冷水管、热水管两根，一般浴室面盆、有热水供应的厨房洗菜盆常选择该类型的水龙头。

（3）三联式水龙头。除接冷、热水两根管道外，还可以接淋浴喷头，一般浴缸选择该类型的水龙头。

（4）单冷水龙头。主要有洗衣机水龙头、拖把池水龙头。其中，洗衣机与拖把池主要区别在于多一个接洗衣机水龙头的接头。

（5）混合水淋浴水龙头。具有两个进水孔，两孔间的距离一般 15cm±1cm。

（6）单孔面盆水龙头。一般适用于台盆上只有一个孔或者台面上没有开孔的洗脸盆。选购单孔水龙头时需要注意洗脸盆的高度。因此，最好选好了洗脸盆后再选购水龙头。水龙头安装时需要另装三角阀，并且一般是配一冷一热的三角阀。洗脸盆常用配件有面盆下水器、面盆下水管。辅助材料主要有生料带、玻璃胶。

（7）双孔面盆水龙头。一般适用于台盆上有 2 个孔的洗脸盆。选择双孔水龙头应注意最边上 2 个孔的正常中心距是 10.5cm。双孔面盆水龙头一般均配送固定配件，但没有配送进水软管，需要另外购买。双孔面盆水龙头安装一般需要配上三角阀，并且一般是配一冷一热三角阀。洗脸盆常用配件有面盆下水器、面盆下水管，辅助材料有生料带、玻璃胶等。

（8）淋浴水龙头。淋浴水龙头是一种冷水与热水的混水阀，并且需要接手提花洒。淋浴水龙头安装在墙上的距离可以细微调节，其水管间距一般为 15cm±1.5cm。如果需要下出水则可以采用三联淋浴水龙头。淋浴水龙头常见配件有装饰盖、垫片、偏心调节铜脚。

★关键词18　水表

（1）水表的安装地点应便于检修，便于人工抄表读数，不受冻、不受污染和不易损坏。

（2）分户水表一般安装在室内给水横管上，住宅建筑总水表安装在室外水表井中，南方多雨地区亦可在地上安装。如图2-3所示为水表安装示意图。

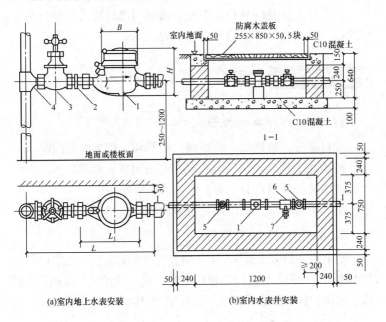

图2-3　水表安装

1—水表；2—补芯；3—铜阀；4—短管；5—阀门；6—三通；7—水龙头

（3）设有消火栓或不允许间断供水，有且只有一条引入管时，应设水表旁通管，其管径与引入管相同，管道上设阀门，平时关闭且加以铅封。

（4）水表外壳上箭头方向应与水流方向一致。

（5）水表的前后和旁通管上应分别装设检修阀门，水表与表后阀门之间应装设泄水装置。

（6）翼轮式水表只允许水平安装，水表前后直线管段的最小长度不小于300mm；螺翼式水表的前端为8～10倍水表接管直径。

（7）住宅建筑的分户水表和表前阀门之间宜装橡胶接头进行减震，表后可不装阀门及泄水装置。

★关键词19　阀门

1. 阀门的种类和型号

按材质分：铸铁阀、铸钢阀、锻钢阀、钢板焊接阀等。

按输送介质分：煤气阀、水蒸气阀和空气阀等。

按输送介质温度分：为低温阀和高温阀等。

按压力等级分：低压阀、中压阀和高压阀等。

2. 家装中的常用阀门

控制附件是用来调节水压、调节管道水流量大小、启闭水流、控制水流方向的各种阀门。常用的有闸阀、截止阀、蝶阀、止回阀、底阀、自动水位控制、安全阀、减压阀等，见表2-2。

3. 阀门的选择方法

（1）管径小于或等于50mm时，应选择截止阀。

（2）管径大于50mm时，应选择闸阀或蝶阀。

（3）不经常启闭而又需快速启闭的阀门，应选择快开阀门。

表 2-2　给水管道的常用阀门

常用阀门	简图	说明
闸阀		闸阀又称闸板阀，是一种常用的阀门，其作用是启闭水流通路，适于全开全闭。管径大于 50mm 或双向流动的管段，宜采用闸阀。 　　闸阀全开时水流呈直线通过，流动阻力较小，但水中杂质沉积阀座时，阀板不能关闭到底，容易产生磨损和漏水现象
蝶阀		蝶阀采用随阀杆转动的圆形蝶板做启闭件，绕自身中轴线旋转，通过改变阀板与管道轴线的夹角，从而改变流通阀门的水流量的大小。 　　蝶阀具有结构简单、体积小、启闭灵活、水流阻力小、密封可靠、调节性能好等优点，可安装在空间较窄小的场所
截止阀		截止阀是常用的一种阀门，其作用主要是开启或关闭水流通路，但也能起一定的调节流量和压力的作用。常用于管径小于（或等于）50mm 和经常启闭的管段上。 　　截止阀关闭严密，但水流阻力较大。水流由阀瓣下部进入，从上部流出，所以安装时水流方向应与阀体上所示方向一致

续表

常用阀门	简图	说明
浮球阀		浮球阀是一种以控制水箱或水池水位而能自动进水和自动关闭的阀门。浮球可随水位的高低而起落，当水箱（池）进水至预定水位时，浮球漂起，则关闭进水口，停止进水；而水位下降时，浮球下落，则开启进水口
止回阀	升降式止回阀　　旋启式止回阀	止回阀又称单向阀、逆止阀，是一种只允许水流向一个方向流动，不能反向流动的阀门。可分为升降式和旋启式两种。旋启式止回阀可水平安装或垂直安装，垂直安装时水流只能朝上而不能朝下；升降式止回阀在阀前压力大于19.62kPa时，方能启闭灵活，并只能安装在水平管道上
底阀		吸水底阀属于止回阀类，装于水泵吸水管端部。有内螺纹连接与法兰连接两种方式

（4）双向流动的管段上，应选择闸阀或蝶阀。

（5）经常启闭的管段上，应选择截止阀。

（6）两条或两条以上引入管且在室内连通时，每条引入管应装设止回阀。

4. 安装阀门的注意事项

（1）水平管道上的阀门安装位置尽量保证手轮朝上或者倾斜 45°或者水平安装，不得朝下安装。

（2）安装阀门时注意介质的流向，水流指示器、止回阀、减压阀及截止阀等阀门不允许反装。

（3）阀体上的标识箭头，应与介质流动方向一致。

（4）过滤器安装时要将清扫部位朝下，并要便于拆卸。

（5）截止阀和止回阀安装时，必须注意阀体所标介质流动方向，止回阀还须注意安装到适用位置。

（6）明杆阀门不能安装在潮湿的地下室，以防阀杆锈蚀。

★关键词 20　水箱

1. 水箱安装

（1）验收基础，并填写"设备基础验收记录"。

（2）作好设备检查，并填写"设备开箱记录"。水箱如在现场制作，应按设计图纸或标准图进行。

（3）设备吊装就位，进行校平找正工作。

（4）现场制作的水箱，按设计要求制作成水箱后须作盛水试验或煤油渗透试验。

（5）盛水试验后，内外表面除锈，刷红丹漆两遍。

（6）整体安装或现场制作的水箱，按设计要求其内表面刷汽包漆两遍，外表面如不作保温再刷油性调和漆两遍，水箱底部刷沥青漆两遍。

（7）水箱支架或底座安装，其尺寸及位置应符合设计规范规定。埋设平整牢固，美观大方，防腐良好。

（8）按图纸安装进水管、出水管、溢流管、排污管、水位

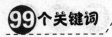

讯号管等。水箱溢流管和泄放管应设置在排水地点附近但不得与排水管直接连接。

（9）水箱水位计下方应设置带冲洗的角阀，生活给水系统总供水管上应设置消毒设施。

2. 消防水箱安装

（1）消防水箱的容积、安装位置应符合设计要求。消防水箱间的主要通道宽度不应小于0.7m；消防水箱顶部至楼板或梁底的距离不得小于0.6m。

（2）消防水箱的溢流管、泄水管不得与生产或生活用水的排水系统直接相连。

3. 消防气压给水设备安装

（1）消防气压给水设备的气压罐、其容积、气压、水位及工作压力应符合设计要求。

（2）消防气压给水设备上的安全阀、压力表、泄水管、水位指示器等的安装应符合产品使用说明书的要求。

（3）消防气压给水设备安装位置，进水管及出水管方向应符合设计要求、安装时其四通应检修通道，其宽度不应小于0.7m，消防气压给水设备顶部至楼台板或梁底的距离不得小于1.0m。

★**关键词 21　水泵**

1. 水泵的安装

（1）准备工作。

① 安装前应检查离心泵规格、型号、扬程、流量，电动机的型号、转速、功率，其叶轮是否有摩擦现象，内部是否有

污物，水泵配件是否齐全等，合乎上述要求后方可安装。

② 检查水泵基础的尺寸、位置、标高是否符合设计要求。预留地脚螺栓孔位置是否准确，深度是否满足设备要求。

③ 采用联轴器直接传动时，联轴器应同轴，相邻两个平面应平行，其间隙为2～3mm。

④ 出厂时水泵、电机已装配试调完善，可不再解体检查和清洗。

⑤ 水泵进、出管口内部及管端应清洗干净，法兰密封面不应损坏。

⑥ 按设计位置，在机组上方定好水泵纵向和横向中心线，以便安装时控制机组位置。

（2）基础施工。

水泵基础有钢结构基础和混凝土块体基础两种。钢结构基础即把水泵安装在特制钢制支架上，常用于小型水泵的安装；混凝土块体基础即把水泵安装在混凝土基础上，这是水泵安装的一种常用基础。混凝土块体基础施工方法如下。

① 基础尺寸及放样。

基础尺寸必须符合水泵安装详图的要求，若设计未注明时，基础平面尺寸的长和宽应比水泵底座相应尺寸加大100～150mm。基础厚度通常为地脚螺栓在基础内的长度再加150～200mm，且不小于水泵、电动机和底座重量之和的3～4倍，能承受机组静荷载及振动荷载，防止基础位移。

基础放线应根据设计图样，用经纬仪或拉线定出水泵进口和出口的中心线、水泵轴线位置及高程。然后按基础尺寸放好开挖线，开挖深度应保证基础面比水泵房地面高100～150mm，基础底应有100～150mm的碎石或砂垫层。

② 基础支模及浇筑。

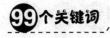

支模前应确定水泵机组地脚螺栓的固定方法。固定方法有一次灌浆法和二次灌浆法两种。

一次灌浆法是将水泵机组的地脚螺栓固定在基础模板顶部的横木上，其下部可用圆钢互相焊接起来，要求安装的基础模板尺寸、位置及地脚螺栓的尺寸、位置必须符合设计及水泵机组的安装要求，不能有偏差且应调整好螺栓标高及螺栓垂直度，然后将地脚螺栓直接浇筑在基础混凝土中。

二次灌浆法是在安装好的基础模板内，将水泵机组的地脚螺栓位置处安装上预留孔洞模板，然后浇筑基础混凝土。预留孔洞尺寸一般比地脚螺栓直径大50mm，比弯钩地脚螺栓的弯钩允许的最大尺寸大50mm，洞深应比地脚螺栓埋入深度大50～100mm，待水泵机组安装在第二次灌混凝土时固定水泵机组的地脚螺栓。

基础混凝土浇筑前必须重新校定一次模板和地脚螺栓的尺寸、位置等，校正无误后才能浇筑。浇筑时必须一次浇成、振实，并应防止地脚螺栓或其预留孔模板歪斜、位移及上浮等现象发生。基础混凝土浇筑完成后应做好养护工作。

（3）底座安装。

当基础的尺寸、位置、标高符合设计要求后，将底座置于基础上，套上地脚螺栓，调整底座并使底座的纵横中心位置与设计位置相一致；然后调整底座水平；接着再紧固地脚螺栓，在混凝土强度达到75％后，将地脚螺栓的油脂、污垢清除干净，拧紧地脚螺栓的螺母；最后稳固底座，地脚螺栓的螺母拧紧后，用水泥砂浆将底座与基础之间的缝隙嵌填充实，再用混凝土将底座填满填实，以保证底座稳定。

（4）机组布置。

机组的布置应使管线最短，弯头最少，管路便于连接，并

留有一定的走道和空地，以便于维护、管理和检修，还应便于起吊设备的使用。

（5）机组安装。

离心泵机组分为带底座和不带底座两种形式。一般小型离心泵出厂时均与电动机装配在同一铸铁底座上；口径较大的泵出厂时不带底座，水泵和动力机直接安装在基础上。

① 带底座水泵的安装。

先在基础上弹出机组中心线，并将地脚螺栓孔的四周铲平，保证螺栓孔周围在同一水平面上。将机组吊起穿入地脚螺栓，放至基础上，调整底座位置，使机组中心和基础上的中心线相吻合。用水平尺在底座加工面上检查是否水平，若不水平可在底座下方靠近地脚螺栓附近放置垫铁找平。每处垫铁叠加不宜多于 3 块。用细石混凝土浇筑底座地脚螺栓预留孔，捣实后，待混凝土达到设计强度后，再次校正水泵和电动机的同轴度和水平度，然后拧紧地脚螺栓。用手转动联轴器，能轻松转动，无杂声为合格。最后由土建人员用水泥砂浆将底座与基础面之间缝隙填满，表面抹平压光。

② 无共用底座水泵的安装。

安装顺序是先安装水泵，待其位置与进出水管的位置找正后，再安装电动机。吊装水泵可采用三脚架。起吊时应注意，钢丝绳不能系在泵体和轴承架上，也不能系在轴上，只能系在吊装环上。

水泵就位后应进行找正。水泵找正包括中心线找正、水平找正和标高找正。

水泵找正找平后，方可向地脚螺栓孔和基础与水泵底座之间的空隙内灌注水泥砂浆。待水泥砂浆凝固后再拧紧地脚螺栓，并对水泵的位置和水平进行复查，以免水泵在二次灌浆或

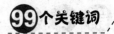

拧紧地脚螺栓过程中发生移动。

③电动机安装。

水泵找正后，将电动机吊放到基础上与水泵联轴器相连，调整电动机使两者联轴器的径向间隙和横向间隙相等，达到两个联轴器同轴且两端面平行，否则会使轴承发热或机组振动，影响正常运行。

两联轴器的轴向间隙，可用塞尺在联轴器间的上下左右四点测得；塞尺片最薄为 0.03～0.05mm。各处间隙相等，表示两联轴器平行。测定径向间隙时，可把直角尺一边靠在联轴器上，并沿轮缘圆周移动。如直角尺各点都和两个轮缘的表面靠紧，则表示联轴器同心。电动机找正后，拧紧地脚螺栓和联轴器的连接螺栓，水泵机组即安装完毕。

（6）配管安装。

①水平管段安装时，应有坡向水泵 0.005 的坡度。

②吸水管靠近水泵进水口处，应有一段长 2～3 倍管径的直管段，避免直接安装弯头；但吸水管段要短，配管及弯头要少，吸水管应设有支撑件。

③水泵的吸水管如变径，应采用偏心大小头，并使平面朝上，带斜度的一段朝下（以防止产生"气囊"）。

④水泵出口应安装阀门、止回阀、压力表，其安装位置应朝向合理、便于观察，压力表下应设表弯。

⑤水泵房内的阀门，一般采用明杆或蝶阀，以便观察阀门的开启程度，避免误操作引起事故。

⑥配管安装时，管道与泵体连接不得强行组合连接，且管道质量不能附加在泵体上。

⑦吸水端的底阀应按设计要求设置滤水器或以铜丝网包缠，防止杂物吸入水泵。

⑧ 设备减振应满足设计要求，立式泵不宜采用弹簧减振器。

⑨ 管道与泵连接后，不应在其上进行电气焊，如有再次焊接的需要，应采取保护措施。

⑩ 管道与泵连接后，应复查泵的原始精度，如因接管引起偏差应调整管道。

2. 水泵试运行

（1）试运行前的检查。

① 水泵各紧固部位紧固良好，无松动现象。

② 水泵润滑油脂的规格、质量和数量均符合设备技术文件的规定，有预润要求的部位已按规定进行预润。

③ 水泵所在的管道系统已冲洗干净，安全保护装置齐全、灵活、可靠。

④ 已备有可供试运转用的水源和电源。

⑤ 水泵已进行单机无负荷试运转。运转中无异常声音，水泵各紧固连接部分无松动现象，水泵无明显的径向振动和升温。

（2）水泵试运转的操作。

① 将泵体和吸水管充满水，并排尽管道系统内的空气。

② 关闭水泵出口阀门，开启水泵的入口阀门。

③ 开启电动机，水泵启动正常后应逐渐（在 1min 内）打开水泵出口阀门（不得在阀门关闭情况下长时间运转）。

④ 水泵在设计负荷下连续运转不少于 2h，然后停泵。

（3）水泵试运转的合格标准。

① 管路系统运转正常，压力、温度、流量和其他要求应符合设备技术文件的规定。

② 运转中不应有不正常的声音，各密封部位不应泄漏，各紧固连接部位不应松动。

③ 滚动轴承的温度不应高于 75℃，滑动轴承的温度不应高于 70℃，特殊轴承的温度应符合设备技术文件的规定。

④ 轴封填料的温升应正常，普通软填料处宜有少量的泄漏（10～20 滴/min），机械密封的泄漏量不大于 10ml/h（约 3 滴/min）。

⑤ 水泵电动机的功率及电动机的电流不应超过额定值。

⑥ 水泵的安全、保护装置应灵活可靠。

⑦ 水泵的振动应符合设备技术文件的规定。

水泵试运转结束后，应关闭泵的出、入口阀门，放尽泵壳及管内积水，并填写水泵试运转记录单。

第 4 节　电线、电缆和接口

★关键词 22　强电

强电电线与电缆主要包括地暖电缆、照明电线、空调和电器电线等。

（1）BV 型 450/750V 一般用途单芯硬导体无护套电缆。适用于室内电器、家电产品及机械设备安装用线、动力照明用线等。

（2）BV 型 300/500V 内部布线用导体温度 70℃ 的单芯用途单芯实心电缆。

（3）BVR 型 450/750V 铜芯聚氯乙烯绝缘软电缆。适用于家电产品及机械设备安装布线、动力照明布线等。

（4）BVV 型 300/500V 铜芯氯乙烯绝缘氯乙烯护套圆形电缆。

（5）RV 型 450/750V 一般用途单芯软导体无护套电缆。适

用于室内电器、家电产品及机械设备安装布线、动力照明布线等。

（6）RV 型 300/500V 内部部线用导体温度 70℃ 的单芯软导体无护套电缆。

（7）RVB 扁型无护套软线。

（8）RVV 轻型 300/300V 聚氯乙烯护套软线。

（9）RVV 普通型 300/500V 聚氯乙烯护套软电缆。

（10）RVS 型 300/300V 铜芯聚氯乙烯绝缘绞型连接用软电线。适用于家用电器、小型电动工具、仪器、仪表及动力照明布线等。

★关键词23　弱电

弱电电线、电缆和接口主要用于传输数据、音频、视频等。

（1）75ΩSYV 系列实芯聚乙烯绝缘聚氯乙烯护套同轴电缆（SYV）。主要适用于传输数据、音频、视频等通信设备。

（2）50ΩSYV 系列实芯聚乙烯绝缘聚氯乙烯护套同轴电缆。主要适用于电视与广播发射系统、计算机以太网的互联。

（3）50Ω 同轴电缆（粗缆 RG－8、细缆 RG－58）。适用于电视与广播发射系统及微波、卫星通信系统，也可以用于电脑网络的互联。

（4）环保网络线缆（HB－SFTP）。适用于 100Base－T4、100BaseTX 的网络和 1000Base－T 网络的传输。

（5）低烟无卤阻燃网线（WDZC－STP）。适用于 1000Base－T 和总线制防盗报警信号的传输。

（6）RVV（B）2×铜芯聚氯乙烯绝缘扁形聚氯乙烯护套软电线。适用于家用电器、小型电动工具、仪器仪表及动力照明用线、控制电源线等。

（7）RVV3×32/0.2 防盗报警系统、楼宇对讲系统用线。AVVR 或 RVV 护套线通常用于弱电电源供电等。AVVR 或 RVV 圆形双绞护套线通常也用于弱电电源供电等。

（8）电脑局域网、网络电缆。六类局域网电缆、超五类局域网络电缆、五类局域网络电缆。局域网络电缆的结构特点是成对线按一定的绞距绞在一起，故又称双绞线。

（9）4X1/0.5 电话线（四芯电话线）。适用于室内外电话安装。需要连接程控电话交换机的线路及数字电话必须使用四芯电话线。

（10）两芯电话线。适用于普通外线和分机的线路。

（11）红黑线、扁形无护套软电线或电缆 AVRB。常用于背景音乐和公共广播的使用，也可做成弱电供电电源线。

（12）AV 线。音视频线，用于音响设备、家用影视设备音频和视频信号的连接，是传输模拟视频信号的视频线，两端是莲花头（RCA 头），目前 DVD 机及电视机都有这种接口，装修时不需要布这种线。音频输入接口又叫 AV 接口或 2RCA 接口，RCA 是莲花接口，也称 AV 接口（复合视频接口）。立体声音频线都有左、右声道，每声道有一根线。

（13）VGV 线。一种模拟信号视频线，最常见于电脑，随着视频数据量的加大，VGA 线的冗余会更大，分辨率超过 1600×1200 后，VGA 线质量稍次，长度稍长会导致视频出现雪花。VGA 接口不仅广泛应用在电脑上，在投影机、影碟机、TV 等视频设备上也都标配有此接口。VGA 线的信号类型为模拟类型，视频输出端的接口为 15 针母插座，视频输入连线端的接口为 15 针公插头。VGA 端子也叫 D－Sub 接口。VGA 接口外形像"D"，上面共有 15 个针孔，分成三排，每排五个。VGA 接口是显卡上输出信号的主流接口，可与 CRT 显示

器或具备 VGA 接口的电视机相连，VGA 接口本身可以传输 VGA、SVGA、XGA 等现在所有格式、任何分辨率的模拟 RGB＋HV 信号。

（14）S 端子线。比 AV 线质量好一点的视频线，接口是圆形的，类似 PS2 鼠标头。7 针 S－Video 接口，向后兼容 4 针接口。

（15）BNC 接口。同轴细缆接口，用于安防监视器和有线电视视频信号传输。

第 5 节　绝缘漆和绝缘胶

★关键词 24　绝缘漆

1. 有溶剂浸渍绝缘漆

有溶剂浸渍绝缘漆具有渗透性好、保质期长、使用方便、价格便宜等优点，但它应与其他溶剂稀释、混合才可使用。

（1）沥青漆。主要成分有石油沥青、干性植物油、松脂酸盐，溶剂为二甲苯和 200 号溶剂汽油。耐热等级为 A。耐潮性好。适用于浸渍不要求耐油的电机线圈。

（2）油改性醇酸漆。主要成分有亚麻油、桐油、松香改性醇酸树脂，溶剂为 200 号溶剂汽油。耐热等级为 B。耐油性和弹性好。适用于浸渍在油中工作的线圈和绝缘零部件。

（3）丁基酚醛醇酸漆。主要成分有蓖麻油改性醇酸树脂、丁醇改性酚醛树脂，溶剂为二甲苯和 200 号溶剂汽油。耐热等级为 B。耐潮性、内干性较好，机械强度较高。适用于浸渍用于湿热环境的线圈。

（4）三聚氰胺醇酸漆。主要成分有油改性醇酸树脂、丁醇改性三聚氰胺树脂，溶剂为二甲苯和200号溶剂汽油。耐热等级为B。耐潮性、耐油性、内干性较好，机械强度较高，且耐电弧。适用于浸渍在湿热环境使用的线圈。

（5）醇酸玻璃丝包线漆。主要成分有干性植物油改性醇酸树脂。耐热等级为B。耐油性和弹性好，黏结力较强。适用于浸涂玻璃丝包线。

（6）环氧酯漆。主要成分有干性植物油酸、环氧树脂、丁醇改性三聚氰胺树脂，溶剂为二甲苯和丁醇。耐热等级为B。耐潮性、内干性好，机械强度高，黏结力强。适用于浸渍用于湿热环境的线圈。

（7）环氧醇酸漆。主要成分有酸性醇酸树脂与环氧树脂共聚物、三聚氰胺树脂。耐热等级为B。耐热性、耐潮性较好，机械强度高，黏结力强。适用于浸渍用于湿热环境的线圈。

（8）聚酯浸渍漆。主要成分有干性植物油改性对苯二甲酸聚酯树脂，溶剂为二甲苯和丁醇。耐热等级为F。耐热性、电气性能较好，黏结力强。适用于浸渍F级电机电器绕组。

（9）有机硅浸渍漆。主要成分有有机硅树脂，溶剂为二甲苯。耐热等级为H。耐热性和电气性能好，但烘干温度较高。适用于浸渍H级电机电器绕组和绝缘零部件。

（10）低温干燥有机硅漆。主要成分有有机硅树脂，固化剂，溶剂为甲苯。耐热等级为H。耐热性较1053号漆稍差，但烘干温度低，干燥快。用途同有机硅浸渍漆。

（11）聚酯改性有机硅漆。主要成分有聚酯改性有机硅树脂，溶剂为二甲苯。耐热等级为H。黏结力较强，耐潮性和电气性能好，烘干温度较有机硅浸渍漆低，若加入固化剂可在105℃固化，用途同有机硅浸渍漆。

（12）有机硅玻璃丝包线漆。主要成分为有机硅树脂，溶剂为甲苯或二甲苯。耐热等级为 H 级。漆膜柔软，机械强度高。适用于浸涂 H 级玻璃丝包线。

（13）聚酰胺酰亚胺浸渍漆。主要成分为聚酰胺酰亚胺树脂，溶剂为二甲基乙酰胺，稀释剂为二甲苯。耐热等级为 H 级。耐热性优于有机硅漆，电气性能优良，黏结力强，耐辐照性好。适用于浸渍耐高温或在特殊条件下工作的电机、电器线圈。

2. 无溶剂浸渍绝缘漆

无溶剂浸渍绝缘漆由合成树脂、固化剂和活性稀释组成，其特点是固化快、流动性和浸透性好，绝缘整体性好。

（1）110 环氧无溶剂漆。主要由 6101 环氧树脂、桐油酸酐、松节油酸酐、苯乙烯组成。耐热等级为 B 级。具有黏度低，击穿强度高，贮存稳定性好等特点。可用于沉浸小型低压电机、电器线圈。

（2）672-1 环氧无溶剂漆。主要由 672 环氧树脂、桐油酸酐、苄基二甲胺组成。耐热等级为 B 级。具有挥发物少，固化快，体积电阻高等特点。适于滴浸小型电机、电器线圈。

（3）9102 环氧无溶剂漆。主要由 618 或 6101 环氧树脂、桐油酸酐、70 酸酐、903 或 901 固化剂、环氧丙烷丁基醚组成。耐热等级为 B 级。具有挥发物少，固化较快等特点。可用于滴浸小型低压电机、电器线圈。

（4）111 环氧无溶剂漆。主要由 6101 环氧树脂、桐油酸酐、松节油酸酐、苯乙烯、二甲基咪唑乙酸盐组成。耐热等级为 B 级。具有黏度低，固化快，击穿强度高等特点。可用于滴浸小型低压电机、电器线圈。

（5）H30-5 环氧无溶剂漆。主要由苯基苯酚环氧树脂、桐油酸酐、二甲基咪唑组成。耐热等级为 B 级。特性和用途同

111 环氧无溶剂漆。

（6）594 型环氧无溶剂漆。主要由 618 环氧树脂、594 固化剂、环氧丙烷丁基醚组成。耐热等级为 B 级。具有黏度低，体积电阻率高，贮存稳定性好等特点。可用于整浸中型高压电机、电器线圈。

（7）9101 环氧无溶剂漆。主要由 618 环氧树脂、901 固化剂、环氧丙烷丁基醚组成。耐热等级为 B 级。具有黏度低，固化较快，体积电阻率高，贮存稳定性好等特点。可用于整浸中型高压电机、电器线圈。

（8）1034 环氧聚酯无溶剂漆。主要由 618 环氧树脂、甲基丙烯酸聚酯、不饱和聚酯、正钛酸丁酯、过氧化二苯甲酰、萘酸钴、苯乙烯组成。耐热等级为 B 级。具有挥发物较少，固化快，耐霉性较差等特点。用于滴浸小型低压电机，电器线圈。

（9）聚丁二烯环氧聚酯无溶剂漆。主要由聚丁二烯环氧树脂、甲基丙烯酸聚酯、不饱和聚酯、邻苯二甲酸二丙烯酯、过氧化二苯甲酰、萘酸钴、对苯二酚组成。耐热等级为 B 级。具有黏度较低，挥发物较少，固化较快，贮存稳定性好，耐热性较 1034 环氧聚酯无溶剂漆高等特点。用于沉浸小型低压电机、电器线圈。

（10）5152-2 环氧聚酯酚醛无溶剂漆。主要由 6101 环氧树脂、丁醇改性甲酚甲醛树脂、不饱和聚酯、桐油酸酐、过氧化二苯甲酰、苯乙烯、对苯二酚组成。耐热等级为 B 级。具有黏度低，击穿强度高，贮存稳定性好等特点。用于沉浸小型低压电机、电器线圈。

（11）FIU 环氧聚酯无溶剂漆。主要由不饱和聚酯亚胺树脂、618 和 6101 环氧酯、桐油酸酐、过氧化二苯甲酰、苯乙烯，对苯二酚组成。耐热等级为 F 级。具有黏度低，挥发物

较少，击穿强度高，贮存稳定性好等特点。用于沉浸小型 F
级电机、电器线圈。

（12）319-2 不饱和聚酯无溶剂漆。主要由二甲苯树脂、
改性间苯二甲酸不饱和聚酯、苯乙烯、过氧化二异丙苯组成。
耐热等级为 F 级。具有黏度较低，电气性能较好，贮存稳定
性好等特点。可用于沉浸小型 F 级电机、电器线圈。

★关键词 25　绝缘胶

1. 电缆浇注胶

（1）黄电缆胶。电气性能较好，抗冻裂性能好。适用于浇
注 10kV 以上电缆接线盒和终端盒。

（2）沥青电缆胶。耐潮性较好。适用于浇注 10kV 以下电
缆接线盒和终端盒。

（3）环氧电缆胶。密封性好，电气、力学性能高。适用于
浇注户内 10kV 以上电缆终端盒。用它浇注的终端盒结构简
单，体积较小。

2. 沥青电缆胶

（1）1811-4、1812-4。用在温度较高的室内，浇灌高低压
电缆的终端匣、接线匣等。

（2）1811-5、1812-5。用于浇灌变压器内、外绝缘体。

3. 环氧树脂胶

环氧树脂胶主要由环氧树脂（主体）、固化剂、增塑剂、
填料等组成。

（1）环氧树脂。常用环氧树脂的种类及特性如下。

① E-51。双酚 A 型环氧树脂，黏度低，黏合力强，使用

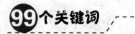

方便。

② E-44。双酚 A 型环氧树脂，黏度比 E-51 稍高，其他性能相仿。

③ E-42。双酚 A 型环氧树脂，黏度比 E-44 稍高，收缩率较小，为常用浇注树脂。

④ E-35。双酚 A 型环氧树脂，黏度比 E-42 稍高。

⑤ E-37。双酚 A 型环氧树脂，黏度比 E-35 稍高，但收缩率小。

(2) 固化剂。环氧树脂必须加入固化剂后才能固化。常用固化剂有酸酐类固化剂和胺类固化剂，其中胺类固化剂由于毒性大，已不采用。

常用酸酐类固化剂的种类如下。

① 邻苯二甲酸酐。固化物电气性能好，固化时放出的热量少，但固化时间长，易升华，可用于大型浇注。

② 顺丁烯二酸酐。固化物电气性能好，但刺激性大，易升华，力学性能差。

③ 均苯四甲酸酐。固化物热变形温度高，但成本高，固化工艺较复杂。

④ 内次甲基四氢邻苯二甲酸酐。固化物耐热性好，但需高温固化，使用困难。

⑤ 四氢化苯二甲酸酐异构体混合物。固化物耐热性好，使用方便。

⑥ 桐油酸酐。固化物弹性好，使用方便，成本低，但不耐冻。

⑦ 环戊二烯顺酐加成物。固化物弹性好，但使用时需进行预聚合，否则气味大。

(3) 增塑剂。在环氧树脂中加入适量增塑剂，可提高固化物的抗冲击性。常用的增塑剂是聚酯树脂，一般用量为

15％～20％。

（4）填充剂。加入的填充剂可以减少固化物的收缩率，提高导热性、形状稳定性、耐腐蚀性和机械强度，以及降低成本。常用填充剂有石英粉、石棉粉等。

第6节　电器元件

★关键词 26　熔体元件

熔体是熔断器的主要部件，不同的熔体通过相同的熔化电流，其熔化时间相差也很大。

纯金属熔体材料通常使用银、铜、铝、锡、铅和锌等，在特殊场合也可采用其他金属作熔体。

银具有优良的导热和导电性能，其导电性能在接近氧化的高温情况下也不会显著降低；耐腐蚀性好，与填料的相容性好；延展性好，能制成各种精确尺寸和复杂外形的熔体；焊接性好，在受热过程中能与其他金属形成共晶而不致损害其稳定性。

铜具有良好的导电和导热性能，机械强度高，但在温度较高时易氧化，故其熔断特性不够稳定，适宜作精度要求较低的熔体。

熔点合金熔体材料通常由不同化学成分的铋、镉、锡、铅、锑、铟等组成，它们的熔点较低，一般为60～200℃。由于它们具有对温度反应敏感的特性，故可用来制成温度熔断器的熔体，用于保护电炉、电热器等电热设备的过热。

熔体的熔断特性除与选用材料有直接关联外，还与熔体的外形、尺寸、安装方式及其他影响其散热的因素有密切关系。熔体元件的形状、结构和使用寿命的关系见表2-3。

表 2-3　熔体元件的形状、结构和使用寿命的关系

熔体元件的形状		熔体元件结构	使用寿命	说明
线带	梯形线 均匀直线	卷线形	长	元件无缺口，无应力集中，是最理想的形状。卷线结构，只需细小的变形，就可吸收很大的伸长。 直线形结构，需要很大的变形，才能吸收伸长
		管内螺旋形	中	
		直线形	短	
	缺口线	波浪形	短	元件带缺口，产生应力集中
	带缺口和开孔的带	管内螺旋形	中	元件带缺口，有应力集中，但元件自身产生的变形，可少量吸收伸长
		直线形	短	
	开孔带 缺口带	波浪形	中	元件带缺口，有应力集中。伸长的吸收集中于缺口部分。根据元件的结构，缺口部的变形有大有小。元件形状以直线形寿命最差
		锯齿形	中	
		管内螺旋形	短	
		直线形	极短	

★关键词27　热双金属元件

　　热双金属元件是由两种热膨胀系数相差悬殊的金属复合而成的，这两种金属分别称为主动层与被动层。主动层的热膨胀系数一般为 $(17\sim27)\times10^{-6}/℃$，被动层金属的热膨胀系数一般为 $(2.6\sim9.7)\times10^{-6}/℃$。当电流流过热双金属元件或将热双金属元件放置在电器的某一线路上时，温度升高后的双金属元件因膨胀系数不同而弯曲变形，从而产生一个推力，使与之相连的触头改变通断状态。

　　热双金属元件结构简单、操作可靠，常用于电气控制和电动机的过载保护。

　　常用热双金属元件的种类及用途见表2-4。

表 2-4　常用热双金属元件的种类及用途

类型	特点及用途
通用型	适用于中等温度范围的多用途品种，有较高的灵敏度和强度
高温型	适用于300℃以上的温度范围，有较高的强度和良好的抗氧化性能，但其灵敏度较低
低温型	适用于0℃以下的温度范围，性能与通用型大致相同
高灵敏型	具有高灵敏度、高电阻等特性，但其耐腐蚀性较差
电阻型	适用于各种小型化、标准化的电器保护装置，有高低不同的电阻率可供选用
耐腐蚀型	适合在腐蚀性介质中使用，性能与通用型大致相同，且具有良好的耐腐蚀性
特殊型	适用于特殊范围的品种，具有各种特殊性能

第 ③ 章　给水排水工程

第 1 节　管道的加工

★**关键词 28**　**调直**

1. 管子弯曲部位的检查

在管子加工、安装前，应对管子的平直程度做检查。通过检查才能发现并确定管子弯曲部位和弯曲程度，从而选择适合的调直方法。检查管子平直程度的方法有目测检查法和滚动检查法两种。

（1）目测检查法。检查较短的管子时，可用目测检查法。检查时，将管子的一端抬起，抬起端的高度以检查人的眼睛与管子高、低端三点成一条直线为宜。检查人的头略低下，闭一只眼睛，用另一只眼睛从管子的高端看向低端，同时慢慢地转动管子。若管子的外表面呈一直线时，这根管子就是直的，如发现管子某处有一面凸起，则另一面必然凹下，这时就在管子弯曲部位用滑石笔画上标记，以备在此处进行调直。

（2）滚动检查法。检查较长的钢管时，将管子对称地横放在两根平行且等高的型钢上，两根型钢的距离为被检查管子长度的一半为宜。检查时，用两手转动管子，让管子在型钢表面上轻轻滚动。当管子以均匀的速度滚动而无摆动，且可停止在

任意位置上时，该管子即为直管；如发现管子滚动时快时慢，且来回摆动，而且每次停止时都是同一个部位朝下，说明此管已弯曲，停止时朝下的下面就是凸面，应在此处用滑石笔画上标记，以便进行调直。

2. 管子的调直操作

管道安装时，直管部分若有弯曲，需要对其进行处理。一般来说，当管径大于 100mm 时，管道产生弯曲的可能性很小，也不易调直，遇有弯曲部分，可将其去掉；当管径不大于 100mm 时，可以将弯曲部分调直，常用的调直方法有冷调法和热调法。

（1）冷调法。冷调法包括敲打调直法、杠杆调直法（图 3-1）和调直台调直法（图 3-2），适用于管径 50mm 以下、弯曲程度不大的管道。

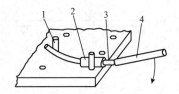

图 3-1 杠杆调直法

1—铁柱；2—弧形垫板；3—钢管；4—套管

（2）热调法。当管径大于 50mm，或管道的弯曲度大于 20°时，采用冷调法效果较差，可采用热调法处理。操作时先将管道放到加热炉上加热至 600～800℃，也可采用气焊加热，当管道温度升高到合适温度时，将管道抬至平行设置的钢管上来回滚动，钢管通过自身的质量或稍加外力就渐渐变直。滚动前应在弯管和直管的结合部分浇水冷却，避免直管在滚动过程中产生变形，如图 3-3 所示。

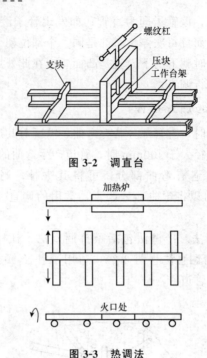

图 3-2 调直台

图 3-3 热调法

★关键词 29 弯曲

1. 管子的弯曲方法

（1）冷煨弯管。冷煨弯管是指在常温下依靠机具对管道进行煨弯。优点是不需要加热设备，管内也不灌砂，操作简便。常用的冷弯弯管设备有手动弯管机、电动弯管机和液压弯管机。

（2）热煨弯管。热煨弯管包括手工充砂热弯法和机械热弯法。加热管道时温度的上升不宜过快，温度的控制与管材有

关，一般碳素钢管为 $900 \sim 1050℃$，不锈钢管为 $1000 \sim 1200℃$，铜管为 $500 \sim 600℃$，塑料管为 $95 \sim 130℃$。弯曲塑料管的方法主要是热煨法，通常采用灌冷砂法和灌热砂法加热。

2. 煨制弯管的一般要求

管子弯曲半径是把弯管看成圆弧，管中心圆弧的半径用 R 表示。最小的 R 值与管径 D 值及其制作方法，见表 3-1。

表 3-1　弯管最小弯曲半径

管子类别	弯管制作方式	最小弯曲半径 R
中、低压钢管	热弯	$3.5D$
	冷弯	$4.0D$
	皱折弯	$2.5D$
	压制弯	$1.0D$
	热推弯	$1.5D$
	焊制	$0.75D$ (DN>250mm) $1.0D$ (DN≤250mm)
高压钢管	冷、热弯	$5.0D$
	压制	$5.0D$
有色金属管	冷、热弯	$3.5D$

煨制弯管应光滑圆整，不应有皱褶、分层、过烧和拔背。对于中、低压弯管，如果在管子内侧有个别起伏不平的地方，应符合表 3-2 的要求，且其波距 t 应大于或等于 $4H$。

表 3-2　管子弯曲部分波浪度 H 的允许值　　单位：mm

外径	≤108	133	159	219	273	325	377	≥426
钢管	4	5		6		7		8
有色金属	2	3	4	5		6	—	—

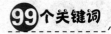

当由于管道工艺的限制，明确指定煨制褶皱弯头时，弯管的波纹分布应均匀、平整、不歪斜。弯成后波的压制及热煨弯管的加工主要尺寸允许偏差见表 3-3。

表 3-3　压制弯头加工主要尺寸偏差　单位：mm

管件名称	检查项目	公称直径				
		25～70	80～100	125～200	250～400	
					无缝	有缝
弯头	外径偏差	±1.1	±1.5	±2	±2.5	±2.5
	外径椭圆	不超过外径偏差值				

★关键词 30　切割

1. 手工锯切法

手工锯的锯条分粗齿和细齿两种。细齿锯条省力但切割速度慢，适用于管壁薄、材质硬的金属管材。粗齿锯条费力但速度快，适用于非铁金属管、塑料管和直径大的碳钢管。

锯切时将管子夹在管子台虎钳中，将管子摆平，划好切割线，用手锯进行切割，不同的管径选用不同规格的台虎钳。切割时，锯条应保持与管子轴线垂直，如此才能使切口平直。如发现锯偏时，应将锯弓转换方向再锯。锯口要锯到底部，不应把剩下的一部分折断，以防管壁变形。

2. 割管器切割法

割管器切割法一般用于切割 DN50 以内的管子。此种割法比锯条切割管子速度快，切割断面也较平直，缺点是管道受滚刀挤压，管径缩小。

用割管器切断管子时，先把管子固定好，然后将割管器的刀口对准切割管，拧动把手，使滚轮夹紧管子，然后转动螺杆，刀口即沿管壁切入。同时，边沿管子四周转动割管器刀口，边紧螺杆，刀口不断切入管壁，直至隔断为止。在切割后，需用铰刀刮去其缩小部分。

3. 气割

气割，也称火焰切割，是利用氧气和乙炔燃烧产生的热量，使被切割的金属在高温下熔化，然后用高压气流将熔化的金属吹离，切断金属管子，并产生氧化铁熔渣。气割一般用在DN100以上的钢管上，但镀锌钢管不允许用气割。

气割时，预热火焰应采用中性焰。一般预热火焰的能率应根据割件的厚度不同加以调整，割件越厚、火焰能率越大。割嘴离割件表面的距离，应根据预热火焰的长度和割件厚度确定，一般以焰心末端距离工作面 $3\sim5mm$ 为宜。割嘴的倾斜角度应根据割件的厚度确定。割件厚度在 10mm 以下的，割嘴应沿切割方向后倾 $20°\sim30°$；厚度大于 10mm 的，割嘴应垂直于工作表面。

4. 空气等离子切割机切割

空气等离子切割机使用压缩空气和交流电源作能源，可切割不锈钢、铝、铜、钛、铸铁、碳钢、合金钢、复合金属等几乎所有金属。它具有操作简单，容易掌握，使用安全，切割成本低，切口窄而光洁，切割厚、薄板不变形等优点，是目前理想的热切割设备，广泛应用于下料、装配、维修等行业。

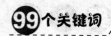

第2节 管道的连接

★关键词31 螺纹

1. 螺纹的选择

按螺纹牙型角度的不同，管螺纹分为55°管螺纹和60°管螺纹两大类。当焊接钢管采用螺纹连接时，应首先确定是55°管螺纹还是60°管螺纹，以免发生技术上的失误。

用于管子连接的螺纹有圆锥形和圆柱形两种，连接方式有圆柱形内螺纹套入圆柱形外螺纹、圆锥形内螺纹套入圆柱形外螺纹及圆锥形内螺纹套入圆锥形外螺纹三种，如图3-4所示。后两种方式的连接较紧密，应用较为普遍。

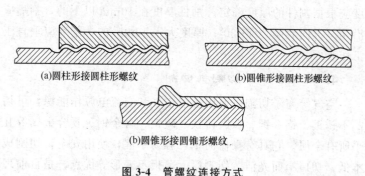

(a)圆柱形接圆柱形螺纹　　　　　　(b)圆锥形接圆柱形螺纹

(b)圆锥形接圆锥形螺纹

图3-4　管螺纹连接方式

2. 螺纹的连接

（1）断管。根据现场测绘草图，在选好的管材上画线，按线断管。

（2）套螺纹。将断好的管材按管径尺寸分次套制螺扣，一般以管径为 15～32mm 的套两次，40～50mm 的套三次，70mm 以上的套 3～4 次为宜。

（3）配装管件。根据现场测绘草图，将已套好螺扣的管材配装管件。

★关键词32 焊接

1. 焊接连接的特点

（1）接口牢固严密，焊缝强度一般达到管子强度的 85% 以上，甚至超过母材强度。

（2）焊接是管段间的直接连接，构造简单，管路美观整齐，节省了大量的定型管件。

（3）焊口严密，不用填料，可减少维修工作。

（4）焊口不受管径限制，作业速度快。

（5）焊接接口是固定接口，连接、拆卸困难，如需检修、清理管道则要将管道切断。

2. 焊接的方法

焊接连接有焊条电弧焊、气焊、氩弧焊、埋弧焊等。在施工现场，焊条电弧焊和气焊应用最为普遍。

（1）焊条电弧焊通常又称为手工电弧焊，是应用最普遍的熔化焊接方法，它是利用电弧产生的高温、高热量进行焊接的。

（2）气焊是利用可燃气体和氧气在焊枪中混合后，从焊嘴中喷出并点火燃烧，燃烧产生热量熔化焊件接头处和焊丝形成牢固的接头。气焊主要应用于薄钢板、有色金属、铸铁件、刀具的焊接，以及硬质合金等材料的堆焊和磨损件的补焊。气焊

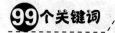

所用的可燃气体主要有乙炔气、液化石油气、天然气及氢气等，目前常用的是乙炔气，这是因为乙炔在纯氧中燃烧时所放出的有效热量最多。

3. 焊接方法的选择

（1）焊条电弧焊的优点是电弧温度高，穿透能力比气焊大，接口容易焊透，适用于厚壁焊件，因此焊条电弧焊适合于焊接 4mm 以上的焊件，气焊适合于焊接 4mm 以下的薄焊件。在同样条件下，焊条电弧焊的焊缝强度要高于气焊。

（2）气焊的加热面积较大，加热时间较长，热影响区域大，焊件因此局部加热极易引起变形。而焊条电弧焊的加热面积相对狭小，焊件变形比气焊小得多。

（3）因此，就焊接而言，焊条电弧焊优于气焊，故应优先选用焊条电弧焊。

4. 焊接操作步骤

焊接工艺流程：钢管坡口加工→接头→点焊定位→施焊（电焊、气焊）→焊口清理→探伤→试压。

（1）坡口加工。根据设计或工艺需要，将焊件的待焊部位加工成一定几何形状的沟槽称为坡口。开坡口的目的是为了得到在焊件厚度上全部焊透的焊缝。

常用的坡口形式有 I 形坡口、Y 形坡口、带钝边 U 形坡口、双 Y 形坡口、带钝边单边 V 形坡口等。

管道焊接坡口的加工方式见表 3-4。对加工好的坡口边缘还应进行清洁工作，要把坡口上的油、锈、水垢等杂物清除干净，这有利于获得质量合格的焊缝。清理时应根据杂物的种类及现场条件可选用钢丝刷、气焊火焰、铲刀、锉刀及除油剂清洗。

表 3-4　管道焊接坡口的加工方式

项目	内　　　容
刨边	用刨边机对直边可加工任何形式的坡口
车削	无法移动的管子应采用可移式坡口机或手动砂轮加工坡口
铲削	用风铲铲坡口
氧气切割	是应用较广的焊件边缘坡口加工方法，有手工切割、半自动切割、自动切割三种
碳弧气刨	利用碳弧气刨枪加工坡口

（2）接头。用焊接方法连接的接头称为焊接接头，它由焊缝、熔合区、热影响区及其邻近的母材组成。在焊接结构中焊接接头起两方面的作用，第一是连接作用，即把两焊件连接成一个整体；第二是传力作用，即传递焊件所承受的荷载。

由于工件厚度及质量要求不同，其接头及坡口形式也不同，焊接接头可分为 10 种类型，即对接接头、T 形接头、十字接头、搭接接头、角接接头、端接接头、套管接头、斜对接接头、卷边接头和锁底接头。其中，以对接接头和 T 形接头应用最为普遍。

水平固定管接头时，管子轴线必须对正，不得出现中心线偏斜。由于先焊管子下部，为了补偿这部分焊接所造成的收缩，除了按技术标准留出接头间隙外，还应将上部间隙稍放大 0.5～2.0mm。

为了保证根部第一层单面焊双面成型良好，对于薄壁小管无坡口的管子，接头间隙可为母材厚度的一半。带坡口的管子采用酸性焊条时，接头的间隙宜等于焊芯直径。采用碱性焊条不灭弧焊法时，接头间隙应等于焊芯直径的一半。

（3）定位。对工件施焊前先定位，根据工件纵、横向焊缝收缩引起的变形，应预先选用夹紧工具、拉紧工具、压紧工具等进行固定。不同管径所选择定位焊的数目、位置也不相同，如图3-5所示。

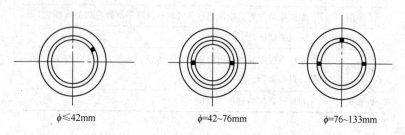

φ≤42mm   φ=42~76mm   φ=76~133mm

图 3-5　水平固定管的定位焊数目及位置

由于定位焊的焊点容易产生缺陷，故对于直径较大的管子尽量不在坡口根部进行定位焊，可将钢筋焊到管子外壁起定位作用，临时固定管子接头。

（4）电焊施焊。焊接中必须把握好引弧、运条、结尾三要素。无论何种位置的焊缝，在结尾操作时均应维持正常的熔池温度，做无直线移动的横定位焊动作，逐渐填满熔池，而后将电弧拉向一侧提起灭弧。

水平管单面焊双面成型转动焊接技术。为保证接头质量，在焊前半圈时，应在水平最高点过去5～15mm处熄弧；后半圈的焊接，由于起焊时容易产生塌腰、未焊透、夹渣、气孔等缺陷，对于仰焊处的接头，可将先焊的焊缝端头用电弧割去一部分（大于10mm），这样既可除去可能存在的缺陷，又可以形成缓坡形割槽。水平管单面焊双面成型转动焊接技术如图3-6所示。

（5）气焊工艺。气焊工艺分为定位焊和气焊两种。气焊操作又分为左焊法和右焊法两种。左焊法简单方便，容易掌握，

图 3-6 水平管单面焊双面成型转动焊接技术

适用于焊接较薄和熔点较低的工件，是应用最普遍的气焊方法。右焊法较难掌握，焊接过程中火焰始终笼罩着已焊的焊缝金属，使熔池冷却缓慢，有助于改善焊缝的金属组织，减少气孔和夹渣。

★关键词33　黏合

1. 黏合连接的特点

由于塑料管道和复合管道的推广，黏合连接的方法已得到了广泛应用。与焊接连接等方式相比，黏合连接具有剪切强度大，应力分布均匀，可以黏结不同材料，施工简便，价格低廉，自重轻，以及耐腐蚀、密封性好等优点。

2. 黏合剂的分类

黏合剂按其使用目的可分为结构黏合剂、非结构黏合剂和专用（特殊）合剂。其中，结构黏合剂黏结后能承受较大的负荷，经受热、低温、化学腐蚀等作用，不变形、不降低强度；非结构黏合剂在正常使用时具有足够的黏结强度，一经受热或负荷较大，其强度降低；专用（特殊）黏合剂是专门针对某种材料生产的黏合剂，或在特殊条件下使用的黏合剂。

黏合剂按原料来源可分为天然黏合剂和合成黏合剂。管道

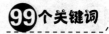

学会家装水电工技能

工程上一般使用的是合成黏合剂。

3. 接口表面处理

塑料或金属等材料在加工、运输、贮存过程中，表面会沾染油污、吸附物或加工残留物，如不注意清理会对黏结效果造成很大影响，因此黏结接口的表面处理是黏结工艺中很重要的工环节。黏结接口的表面处理常用以下几种处理方法。

（1）机械清理。用砂纸、钢丝刷、砂布擦洗接口表面，清洁程度较高，但劳动强度较大。

（2）化学清洗。将接口表面浸泡在酸、碱或有机溶液中，以清除表面的污物或氧化层。这种方法效率高、经济、质量稳定，但大型的管道和管件的接口使用此法不便操作。

（3）溶剂清洗。选用合适的溶剂，对接口表面进行蒸汽脱脂，或使用清洁的棉花、纱布浸渍溶剂擦洗表面，直到没有污物和油渍为止。这是在黏结施工时最为常用的清洁方法，但在使用溶剂时要注意对工人的身体进行保护。

4. 连接施工

连接施工包括黏合剂的保管、涂敷、固化等过程。

（1）黏合剂的保管。当黏结连接的接口间隙、胶结长度确定以后，就应结合施工要求确定黏合剂的种类和施工工艺。对于连续作业的工程，由于要求黏结后有较高的初凝强度，应选择挥发快的溶剂型黏合剂，或反应快的热固性黏合剂；结合输送介质的种类和运行环境条件，选择添加适当的添加剂。

（2）黏合剂的涂敷。黏合剂黏度要适度，依顺序进行涂敷。承口和插口黏结面均需涂胶，涂敷层要薄而均匀，在黏合剂达到一定强度之前，黏结面的产生相对运动。

（3）黏合剂的固化。黏合剂的固化是一个相对漫长的过程，在室温条件下通常需要几个小时或几天。加快固化的方法

有加热固化和加压固化。加热固化是指对黏结接口采用直接加热、辐射加热、感应加热、高频电介质加热等方法进行处理；加压固化是指采用重量加压、机械加压等方式使黏合剂加速固化。

★关键词 34　热熔

1. 技术要求

热熔连接是由相同热塑性塑料制作的管材与管件互相连接时，采用专用热熔机具将连接部位的表面加热，连接接触面处的本体材料互相熔合，冷却后连接成为一个整体。热熔连接有对接式热熔连接、承插式热熔连接和电熔连接。

电熔连接是在连接时，将相同的热塑性塑料管道，先插入特制的电熔管件，由电熔连接机具对电熔管件通电，依靠电熔管件内部预先埋设的电阻丝产生所需的热量进行熔接，冷却后管道与电熔管件连接成为一个整体。

热熔连接多用于室内生活给水 PP-R 管、PB 管的安装。热熔连接后，管材与管件形成一个整体，连接部位强度高、可靠性好，施工速度快。

2. 热熔连接的方法

（1）切割管材。必须使端面垂直于管轴线。管材切割一般使用管子剪或管道切割机，必要时可使用锋利的钢锯，但切割后管材断面应去除飞边。管材与管件的连接端面必须清洁、干燥、无油污。

（2）测量。用专用标尺和适合的笔在管端测量并绘出熔接深度。熔接弯头或三通时，按设计图样要求，应注意方向，在管件和管材的直线方向上，用辅助标志标出其位置。

（3）加热管材、管件。当热熔焊接器加热到 260℃（指示

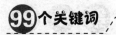

灯亮以后）时，将管材和管件同时推进热熔焊接器的模头内，加热时间不可少于5s。

（4）连接。将已加热的管材与管件同时取下，迅速无旋转地直插到所标深度，使接头处形成均匀的突缘直至冷却。管材插入不能太浅或太深，否则会造成缩径或不牢固。

（5）检验与验收。管道安装结束后，必须进行水压试验，以确认其熔接状态是否良好，否则严禁进行管道隐蔽安装。

第3节　给水管道的安装

★关键词35　安装给水系统

1. 引入管安装

（1）给水引入管与排出管的水平净距不小于1.0m；室内给水管与排水管平行敷设时，管间最小水平净距为0.5m，交叉时垂直净距为0.15m。给水管应敷设在排水管的上方。当地下管道较多，敷设有困难时，可在给水管上加钢套管，其长度不应小于排水管管径的3倍，且其净距不得小于0.15m。

（2）引入管穿过承重墙或基础时，应配合土建预留孔洞。给水引入管穿过基础时的预留孔洞尺寸规格见表3-5，给水管道穿基础做法如图3-7所示。

表3-5　给水引入管穿过基础时的预留孔洞尺寸规格

单位：mm

管径	50 以下	50～100	125～150
预留孔洞尺寸	200×200	300×300	400×400

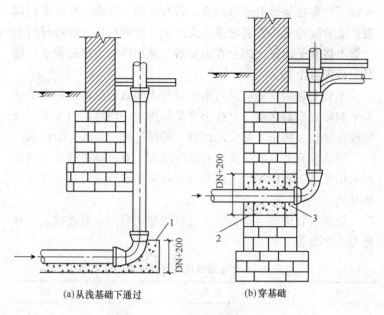

(a)从浅基础下通过　　　　　(b)穿基础

图 3-7　给水管道穿基础做法

1—混凝土支座；2—黏土；3—水泥砂浆封口

（3）引入管及其他管道穿越地下构筑物外墙时应采取防水措施，加设防水套管。

（4）引入管应有不小于 0.003m 的起坡坡向室外给水管网，并在每条引入管上装设阀门，必要时还应装设泄水装置。

2. 室内给水管道的安装

（1）干管安装。先在主干管中心线上定出各分支干管的位置，标出主干管的中心线；然后测量并记录各管段的长度，并在地面进行预制和预组装，预制的同一方向的干管管头应保证在同一直线上，且管道的变径应在分出支管之后进行。组装好的管子，应在地面上进行检查，若有歪斜、扭曲，则应进行调直。上管时，应将管道滚落在支架上，随即用预先准备好的 U 形管卡将管子固定，防止管道滚落。采用螺纹连接的管子，则吊上后即可上紧。

干管安装后，还应进行最后的校正调直，保证整根管子的水平和垂直面都在同一直线上并最后固定；同时，用水平尺在管段上复核，防止局部管段出现"塌腰"或"拱起"的现象。

当给水管道穿越建筑物的沉降缝时，有可能在墙体沉陷时因剪切管道而发生漏水或断裂等，此时给水管道需做防剪切破坏处理。

原则上管道应尽量避免通过沉降缝，当必须通过时，几种处理方法见表 3-6。

表 3-6　管道通过沉降缝的处理方法

方法	简图	说明
螺扣弯头法	 沉降缝 螺扣弯头	在管道穿越沉降缝时，利用螺扣弯头把管道做成门形管，利用螺扣弯头的可移动性来缓解墙体沉降不均的剪切。这样，在建筑物沉降过程中，两边的沉降差就可用螺扣弯头的旋转来补偿。这种方法适用于小管径的管道

续表

方法	简图	说　明
橡胶软管法	管道 橡胶软管 沉降缝	用橡胶软管连接沉降缝两端的管道，这种做法只适用于冷水管道（$t \leqslant 20℃$）
活动支架法	支架 管道	把沉降缝两侧的支架做成使管道能垂直位移而不能水平横向位移

（2）立管安装。干管安装后即可安装立管。给水立管可分为明装和暗装，安装于管道竖井或墙槽内。

① 立管明装。每层每趟立管从上至下统一吊线安装卡件，高度应一致；竖井内立管安装时，其卡件宜设置型钢卡架。将预制好的立管按编号分层排开，顺序安装，对好调直时的印记。校核预留甩口的高度、方向是否正确。支管的甩口均加好临时螺塞。立管阀门的安装朝向应便于操作和修理。安装完后用线坠吊直找正，配合土建堵好楼板洞。

② 立管暗装。安装在墙内的立管应在结构施工中预留管槽。立管安装后吊直找正，校核预留甩口的高度、方向是否正确。确认无误后进行防腐处理并用卡件固定牢固。支管的甩口

应明露并加好临时螺塞。管道安装完毕应及时进行水压试验，试压合格后进行隐蔽工程检查，通过隐蔽工程验收后应配合土建填堵管槽。

（3）支管安装。立管安装后，就可以安装支管，方法也是先在墙面上弹出位置线，但是必须在所接的设备安装定位后才可以连接，安装方法与立管相同。

安装支管前，先按立管上预留的管口在墙面上画出（或弹出）水平支管安装位置的横线，并在横线上按图样要求画出各分支线或给水配件的位置中心线，再根据横线与位置中心线测出各支管的实际尺寸进行编号记录，根据记录尺寸进行预制和组装（组装长度以方便上管为宜），检查调直后进行安装。

3. 水表的安装

（1）水表的安装应便于查看、维修，不易污染和损坏，不可暴晒，不可冰冻。

（2）安装时应使水流方向与外壳标志的箭头方向一致，不可装反。

（3）为保证水表计量准确，螺翼式水表前的直管长度应有8～10倍的水表直径，旋翼式水表前应有不小于300mm的直线管段。水表后应设有泄水龙头，以便维修时放空管网中的存水。

（4）水表前后均应设置阀门并注意方向性，不得将水表直接放在水表井底的垫层上，而应用红砖或混凝土预制块把水表垫起来。

（5）对于明装在建筑物内的分户水表，表外壳距墙表面不得大于30mm，水表的后面可以不设阀门和泄水装置，而只在水表前装设一个阀门。为便于维修和更换水表，需在水表前后安装活接头，如图3-8所示。

（6）对于不允许断水的建筑物，应在安装水表后设止回

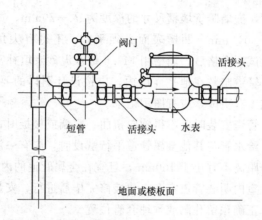

图 3-8 室内水表安装图

阀，并设旁通管，旁通管的阀门上要加铅封，不得随意开闭，只有在水表修理或更换时才可开启旁通阀。

★关键词 36　安装 PP-R 管

1. 支、吊架安装

（1）管道安装时必须按不同管径和要求设置管卡和支、吊架，位置应准确，埋设要平整，管卡与管道接触应紧密，但不得损伤管道表面。

（2）采用金属管卡和支、吊架时，金属管卡与管道之间应采用塑料带或橡胶等软物隔垫。在金属管配件与给水聚丙烯管的连接部位，管卡应设在金属配件一端。

（3）立管和横管支、吊架的间距应符合规范的规定。

2. 管道安装

（1）管道嵌墙暗敷时，宜配合土建预留凹槽，其尺寸设计无规定时，嵌墙暗管墙槽尺寸的深度为 d_n+20mm，宽度为 d_n ＋（40～60）mm。凹槽表面必须平整，不得有尖角等突出物。管道试压合格后，墙槽用 M7.5 级水泥砂浆填补密实。

（2）管道暗敷在地平面层内，应按设计图样的要求施工。如现场施工有更改，应有图示记录。

（3）管道安装时，不得轴向扭曲；穿墙或楼板时，不宜强制校正。给水管与其他金属管道平行敷设时，应有一定的保护距离，净距离不宜小于 100mm，且宜在金属管道的内侧。

（4）室内明装管道宜在土建装修完毕后进行，安装前应配合土建，正确预留孔洞或预埋套管位置。

（5）管道穿越楼板时，应设置钢套管，套管高出地面50mm，并有防水措施。管道穿越屋面时，应采取严格的防水措施，穿越前段应设固定支架。

（6）热水管道穿墙壁时，应配合土建设置钢套管；冷水管穿墙时，可预留出洞口，洞口尺寸较管道外径大 50mm。

（7）直埋在地平面层及墙体内的管道，应在隐蔽前做好试压和隐蔽工程的检查记录工作。

（8）室内地平±0.000 以下管道敷设应分两阶段进行。先进行地平±0.000 以下至基础墙外壁的敷设；待土建施工结束后，再进行户外连接管的敷设。

（9）室内地平以下管道敷设应在土建工程回填土夯实以后，重新开挖进行，严禁在回填土之前或未经夯实的土层中敷设。

（10）敷设管道的沟底应平整，不得有突出的尖硬物体，土的粒径不宜大于 12mm，必要时可铺 100mm 厚的砂垫层。

（11）埋地管道回填时，管周回填土不得夹杂尖硬物直接与管壁接触，应先用砂土或粒径不大于 12mm 的土回填至管顶

上侧 300mm 处，经夯实后方可回填原土。室内埋地管道的埋设深度不宜小于 300mm。

（12）管道出地平处应设置护管，其高度应高出地平 100mm。

（13）管道在穿基础墙时，应设置金属套管，套管与基础墙预留孔上方的净空高度，若设计无规定时，不应小于 100mm。

（14）管道在穿越街坊道路、覆土厚度小于 700mm 时，应采取严格的保护措施。

★关键词 37　安装 PE-X 管

1. PE-X 管管道连接

（1）管道应采用企业配套的铜制管件、紧固环及施工紧固工具进行施工，DN≤25mm 时，管道与管件的连接宜采用卡箍式连接；DN≥32mm 时，宜采用卡套式或卡压式连接。

（2）卡箍式和卡套式连接时，橡胶密封圈的材质应符合卫生要求，且应采用耐热的三元乙丙橡胶或硅橡胶材料。

（3）卡箍式管件连接程序。

① 按设计要求确定的管径和管道长度，用专用剪刀或细齿锯进行断料，管口应平整，端面应垂直于管轴线。

② 选择与管道相应口径的紫铜紧箍环套入管道，将管口用力压入管件的插口，直至管件插口根部。

③ 将紧箍环推向已插入管件的管口方向，使紧箍环的端口距管件承口根部 2.5～3mm，用相应管径的专用夹紧钳夹紧铜环直至钳的头部两翼合拢。

④ 用专用定径卡板检查紧箍环周边，以不受阻为合格。

（4）卡套式管件连接程序。

① 按规定下料，管内口宜用专用刮刀进行坡口处理，坡度为20°～30°，深度为1～1.5mm。坡口结束后再用清洁布将残屑擦干净。

② 将锁紧螺母和C形锁紧环套入管口。

③ 管口一次用力推入管件插口至根部。管道推入时注意橡胶圈的位置，不得将其移位或顶歪，如发生顶歪情况应修正管口的坡口，放正橡胶圈后，重新推入。

④ 将C形锁紧环推到管口位置，旋紧锁紧螺母。

（5）管道与其他管道附件、阀门等连接，应采用专用的外螺纹卡箍式或卡套式连接件。

2. PE-X管管道安装

（1）土建结构施工结束，管道安装的进场时间应根据管道安装部位、敷设方法及土建配合情况确定。

（2）热水管道应与冷水管道平行敷设，水平排列时热水管宜在外侧，上下排列时应在冷水管上方。

（3）埋地管道敷设应符合以下几点规定。

① 埋地进户管应分室内和室外两阶段进行，先安装室内，伸出墙外200～300mm，待土建室外施工时再进行室外管道的安装与连接。

② 进户管在室外的部分应根据建筑物的沉降情况，采取水平折弯进户。

③ 室外管道的管顶覆土深度不应小于300mm，穿越道路部位不应小于600mm。

④ 管道在室内穿出地平处应有长度不小于100mm的护套管，其根部应窝嵌在地平找平层内。

⑤ 管道若敷设在经夯实的填土层内，宜在填土层夯实后

按管道的埋设深度进行开挖，但不得超深开挖。在敷设和回填时，管道接触面的表面部位不得有粒径大于 10mm 的尖硬石块。

（4）嵌墙管道安装要求。

① 管道应沿墙水平或垂直方向敷设。

② 管槽的截面尺寸应符合规定要求，管槽应顺通，冷、热水槽的中心距应按选用的水暖零件尺寸确定。

③ 按冷、热水管配水点的间距及标高进行布置，管道在槽内宜设管卡，间距为 1.0～1.2m，且不应有无规则弯曲或受卡。

④ 管道嵌装施工结束，应进行一次试压、二次试压，合格后方可进行土建粉刷或饰面施工。

⑤ 管道经二次试压合格后，应先将系统端部配水口的金属管件固定，其表面与建筑端面或饰面相平。在复核标高和冷、热水管道间距后，应用 M10 水泥砂浆窝嵌牢固，管口用金属管堵进行堵口。

⑥ 土建嵌槽应采用 M10 水泥砂浆，宜分两次进行，第一次嵌槽应超过管中心；待初凝后，第二次再嵌到与墙面相平。土建嵌槽时砂浆应密实饱满，且不得使管道移位。

（5）暗设管道安装要求。

① 管道应按施工图进行定位，先确定固定支撑点的位置，再确定支撑点的位置。支撑点的位置确定后进行支撑件施工。

② 管道因温差变化会产生伸缩，应合理选择补偿措施。

③ 管道试压结束，对热水管道应按设计规定进行保温。

（6）分水器和管道系统安装要求。

① 分水器应设置分水器盒或分水器壁龛，安装位置应满足设计要求，其尺寸应满足管道接口及阀门安装要求。

② 采用硬聚氯乙烯波纹护套管进行护套，护套管选用见表 3-7。

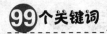

表 3-7　护套管选用　　　　　　单位：mm

管径	20	25
护套管最大管外径	32	40

③护套管在土建施工时，应密切配合直接敷设或埋设，最小转弯半径不应小于其管道外径。弯管两端和直线管段每隔 1.0～1.2m 间距应设管卡，护套管表面的混凝土保护层不宜小于 10mm。

④管道在护套管内不得设有连接管件。

★关键词 38　安装铝塑复合管

1. 干管安装

（1）埋地干管安装。

① 给水埋地干管的敷设安装，一般从给水引入管（又称进户管）穿基础墙处开始，先敷设地下室内部分，待土建施工结束后，再进行室外连接管的安装。

② 开挖沟槽前，应根据设计图样规定的管道位置、标高和土建给出的建筑轴线及标高线，确定埋地干管的准确位置和标高。

③ 埋地管道敷设，应在未经扰动的原土或在土建回填土夯实后重新开挖，严禁在回填土之前或未经夯实的土层中敷设。

④ 埋地干管敷设前，应对按照施工草图预制加工的管段进行通视检查，并将管道内外的污物清除干净。

（2）架空干管安装。

① 架空干管的安装，首先应根据施工草图确定的干管的位置、标高、管径、坡度、管段长度、阀门位置等，以及土建给出的建筑轴线、标高控制线，准确地确定管道支架的安装位

置（预埋支架铁件的除外），在应栽支架的部位画出大于孔径的十字线，然后打洞栽埋支架或采用膨胀螺栓固定管支架。

② 干管安装前，应先复核引入管穿过地下室外墙处的预埋防水套管和地上干管穿墙、梁等处的预埋套管或预留洞是否预埋、预留，位置是否正确，确认无误后方可进行管道安装。

③ 干管安装，把预制完的管段运到安装现场，按编号依次排开，并在地面进行检查，若有歪斜扭曲，则应进行调直。上管时应将管道放置在支架上，随即用预先准备好的管卡将管子暂时固定。与此同时，还应该检查各分支口的位置，应同时将各分支口堵好，防止泥沙进入管内，最后将管道固定牢固。

2. 立管安装

（1）立管安装首先应根据设计图样的要求或给水配件和卫生器具的种类确定横支管的高度，在土建墙面上画出横线。

（2）用线坠吊在立管的中心位置上，在墙上画出垂直线，并根据立管卡的高度在垂直线上确定出立管卡的位置并画好横线，然后再根据其交叉点打洞栽卡。

（3）铝塑复合管的立管卡应采用管材生产企业配套的产品。

（4）立管卡的安装，当楼层高度不大于 5m 时，每层须设 1 个；当楼层高度大于 5m 时，每层不少于 2 个。管卡的安装高度，应距地 1.5～1.8m；2 个以上管卡应均匀安装，同一房间管卡应安装在同一高度上。

（5）管卡栽好后，再根据干管和横支管划线，测出各立管的实际尺寸，在施工草图上进行编号记录。在地面应进行预制和组装，经检查和调直后可进行安装。

（6）立管安装按顺序由下往上，层层连接，一般应两人配合，一人在下端托管，另一人在上端安装。

（7）立管安装前，应先清除立管甩头处阀门或连接件的临

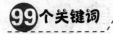

时封堵物、污物和泥砂等，然后经检查管件的朝向准确无误后即可固定立管。

3. 支管安装

（1）支管明装。将预制好的支管从立管甩口处依次逐段进行安装，有阀门时应将手轮卸下再安装。根据管段长度加上临时固定卡，并核定不同卫生器具的预留口的高度、位置是否正确，找平找正后栽牢支管卡件，去掉临时固定卡件。如支管装有水表，应先装上连接管，试压后交工前拆下连接管，安装水表。

（2）支管暗装。铝塑复合管的支管暗装方式通常有两种，一种是支管嵌墙敷设；另一种是支管在楼（地）面的找平层内敷设。嵌墙敷设和在楼（地）面的找平层内敷设的管道，其管外径一般不大于 25mm，敷设的管道应采用整条管道，中途不应设三通接出支管，阀门应设在管道的端部。

第4节　排水管道的安装

★关键词 39　　安装排水系统

1. 排出管安装

为便于施工，可对部分排水管材及管件预先捻口，养护后运至施工现场。在房中或挖好的管沟中，将预制好的管道承口作为进水方向，按照施工图所注标高，找好坡度及各预留口的方向和中心，捻好固定口。待敷设好后，灌水检查各接口有无渗漏现象。经检查合格后，临时封堵各预留管口，以免杂物落入，并通知土建填堵孔洞，按规定回填土。

管道穿过房屋基础或地下室墙壁时应预留孔洞，并应做好

防水处理，如图 3-9 所示。预留孔洞尺寸见表 3-8。

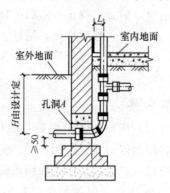

图 3-9　排水管穿墙基础图

表 3-8　排水管穿基础预留孔洞尺寸　　单位：mm

管径	50～100	125～150	200～250
孔洞 A 尺寸	300×300	400×400	500×500

　　为了减小管道的局部阻力和防止污物堵塞管道，当通向室外的排出管穿过墙壁或基础必须下返时，应用两个 45°弯头连接。排水管道横管与横管、横管与立管的连接，应采用 45°三通或 45°四通和 90°斜三通或 90°斜四通。

　　排出管应与室外排水管道的管顶标高相平齐，并且在连接处的排出管的水流转角不应小于 90°。

　　排出管与室外排水管道的连接处应设检查井，检查井中心至建筑物外墙的距离不宜小于 3m，也可设在管井中。

　　2．排水立管安装

排水立管通常沿卫生间墙角敷设。

立管安装时，应两人配合，一人在上层楼板上用绳拉，下

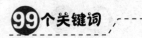

面一人托，把管子移到对准下层承口后将立管插入；下层的工人要把甩口（三通口）的方向找正，随后吊直。这时，上层的工人用木楔将管临时卡牢，然后捻口，堵好立管洞口。

现场施工时，可先预制，也可将管材、管件运至各层进行现场制作。

3. 排水支管安装

安装排水支管时，应根据各卫生器具的位置排料、断管、捻口养护，然后将预制好的支管运到各层。安装时需两人将管托起，插入立管甩口（三通口）内，用钢丝临时吊牢，找好坡度并找平，即可打麻捻口，配装吊架，其吊架间距不得大于2m。然后安装存水弯，找平找正，并按地面甩口高度测量卫生器具的短管尺寸，配管捻口、找平找正；再安装卫生器具，但要临时堵好预留口，以免杂物落入。

4. 通气管安装

通气管应高出屋面 0.3m 以上，并且应大于最大积雪厚度，以防止雪掩盖通气管口。对于平屋顶，若经常有人逗留，则通气管应高出屋面 2.0m。通气管上应做钢丝球（网罩）或透气帽，以防杂物落入。

通气管的施工应与屋面工程配合好，通气管出屋面如图 3-10所示。通气管安装好后，把屋面和管道接触处的防水处理好。

5. 清通装置设置

排水立管上设置的检查口，如图 3-11 所示，检查口中心距地面一般为 1m，并应高出该层卫生器具上边缘 150mm。检查口安装的朝向应以清通时操作方便为准。对于暗装立管，检查口处应安装检修门。

排水管上的清扫口，应与地面相平，如图 3-12 所示。当

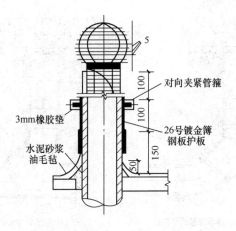

3mm橡胶垫

水泥砂浆
油毛毡

对向夹紧管箍

26号镀金簿
钢板护板

图 3-10   通气管出屋面

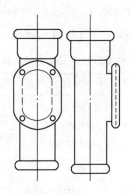

图 3-11   检查口

污水横支管在楼板下悬吊敷设时，可将清扫口设在其上面楼板
地面上或楼板下排水横支管的起点处。

为了清通方便，排水横管清扫口与管道相垂直的墙面距离
不得小于200mm；若在排水横管的起点处设置堵头代替清扫

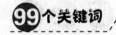

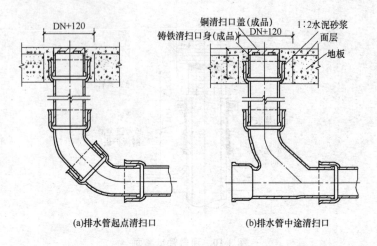

(a)排水管起点清扫口　　　　(b)排水管中途清扫口

图 3-12　清扫口

口，与墙面的距离不得小于 400mm。当污水横管的直线段较长时，应按表 3-9 的规定设置检查口或清扫口。

表 3-9　检查口或清扫口之间的最大距离

管径/mm	污水性质			清通装置的种类
	生产废水	生活粪便水和成分近似粪便水的污水	含大量悬浮物的污水	
	间距/m			
≤75	15	12	10	检查口
≤75	10	8	6	清扫口
100～150	15	10	8	清扫口
100～150	20	15	12	检查口
200	25	20	15	检查口

★关键词 40   安装 PVC-U 管

1. 立管安装

当层高不大于 4m 时，应每层设置一个伸缩节；当层高大于 4m 时，应按计算出的伸缩量来确定伸缩节数量。安装时先将管段扶正，将管子插口插入伸缩节承口的底部，并按要求预留出间隙；在管端画出标志，再将管端插口平直插入伸缩节承口的橡胶圈内，用力均匀，找直、固定立管，完毕后即可堵洞。住宅内安装伸缩节的高度为距地面 1.2m，伸缩节中预留间隙为 10～15mm。

2. 支管安装

将支管水平吊起，涂抹胶黏剂，用力推入预留管口。调整坡度后固定卡架，封闭各预留管口和填洞。硬聚氯乙烯管道支、吊架最大间距，应按表 3-10 确定。

表 3-10   硬聚氯乙烯管道支、吊架最大间距

管径/mm		50	75	110	125	160
支、吊架最大间距/m	横管	0.5	0.75	1.10	1.30	1.6
	立管	1.2	1.5	2.0	2.0	2.0

注：立管穿楼板和屋面处，应为固定支撑点。

排水塑料管与排水铸铁管连接时，捻口前应将塑料管外壁用砂布、锯条打毛，再填以油麻、石棉水泥进行接口。

排水工程结束验收时应做系统通水能力试验。

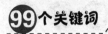

第5节　卫生器具的安装

★关键词41　安装洗脸盆

1. 墙式洗脸盆的安装

墙架式洗脸盆的安装方式如图3-13所示。

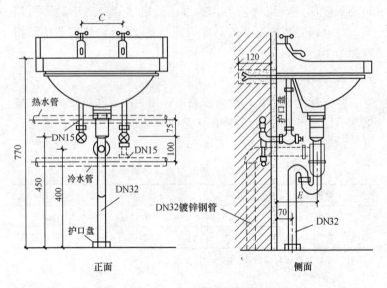

图3-13　墙式洗脸盆安装

（1）定位画线。在墙上弹出洗脸盆安装的中心线，按照盆架宽度画出支架位置的十字线，并凿打沟槽、预埋防磨木砖，栽埋木砖表面应平整牢固。

（2）盆架安装。将盆架用的木螺钉和铅垫片牢固地安装在

木砖上，也可以用膨胀螺栓固定，用水平尺检查两侧支架的水平度。

（3）洗脸盆及配件安装。在洗脸盆和墙面处抹油灰，将盆体安放在盆架上找正找平，用木螺钉加铅垫圈把盆体固定好。洗脸盆稳固后，将冷、热水龙头和排水栓按相应工艺要求安在盆体上。排水栓短管可连接存水弯，进水管通过三通、铜管和水龙头连接，各接口用锁母收紧。

（4）洗脸盆给水排水管道安装。量尺配管，按塑料管黏接或是熔接工艺进行接口。卸下角阀和水龙头的锁母，套到塑料管端，缠绕聚四氟乙烯生料带，插到阀端和水龙头根部，拧紧锁母至松紧适度。

2. 立柱式洗脸盆的安装

（1）定位画线。确定并画出洗脸盆的安装中心线，测出盆体背部安装孔的高度和孔距，定出紧固件位置，并预埋。

（2）立瓷柱安装。按排水口中心线画出立柱的安装中心线，按照立柱下部外轮廓，在地面上铺厚度为 10mm 的油灰，将立柱找正找平，压实油灰层。将洗脸盆抬放在立柱上，拧紧螺栓，将支柱和洗脸盆接触处及支柱与地面接触处用白水泥勾缝抹光。

（3）洗脸盆配件装配。把混合水龙头、阀门、排水栓装入盆体。将存水弯置于空心立柱内，通过立柱侧孔同排水管暗装，控制排水栓启闭的手提拉杆等也从侧孔和盆体配件连接。

3. 台式洗脸盆的安装

台式洗脸盆安装方法基本同上，但施工中需注意以下几点：

（1）大理石开洞的形状、尺寸及接冷、热水龙头和混合水龙头开关洞的位置，应符合选定洗脸盆的产品样本尺寸要求。

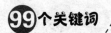

（2）盆边与板间缝隙应打玻璃密封胶，防止溅水从墙边渗漏。

（3）浴盆给、排水管道接口必须严密不漏。

★关键词 42　　安装洗涤盆

1. 洗涤盆的安装

洗涤盆装设在厨房或公共食堂内用来洗涤碗碟、蔬菜等，有单格和双格之分，双格洗涤盆一格洗涤，另一格泄水。洗涤盆安装如图 3-14 所示。

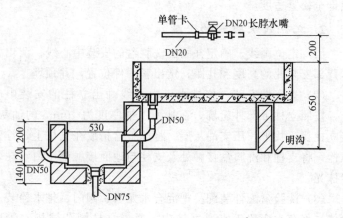

图 3-14　洗涤盆安装

（1）洗涤盆盆架的安装。洗涤盆的盆架用铸铁盆架或是 40mm×5mm 的扁钢制作。

在固定盆架前应试一下盆架与洗涤盆是否合适。将冷、热水预留，管口之间画一条平分垂线（只有冷水时，洗涤盆中心应对准给水管口）。从地面向上量出规定的高度（洗涤盆上沿

口距地面一般为 800mm），画出水平线，并根据洗涤盆架的宽度由中心线左右画好固定螺栓位置的十字线，打洞预埋 $\phi10\times100$mm 螺栓或用 $\phi10$ 的膨胀螺栓，把盆架固定在墙上。把洗涤盆放在盆架上，纵横方向用水平尺找平、找正。洗涤盆靠墙一侧缝隙处嵌入白水泥勾缝抹光，也可用 YJ 密封膏嵌缝。

（2）水嘴安装。在水嘴丝扣处涂铅油，缠麻丝（或缠生料带），装在给水管口内，找平、找正，拧紧后清除接口处外露填料。

（3）排水管的安装。先把排水栓根母松开卸下，再将排水栓放到洗涤盆排水孔眼内，量出距排水预留管口的尺寸。短管的一端套好丝扣，涂铅油，缠好麻丝。将存水弯拧到外露丝扣 2～3 牙，按量好的尺寸将短管断好，插到排水管口的一端应做扳边处理。在排水栓圆盘下加 1mm 厚的胶垫、抹油灰，插入洗涤盆排水孔眼内，在外面再套胶垫、眼圈，带上根母。排水栓丝扣处涂铅油，缠麻丝，用自制叉扳手卡住排水栓内十字筋，使排水栓溢水眼对准洗涤盆溢水孔眼，用扳手拧紧根母直至松紧适度，再将存水弯装到排水栓上拧紧找正。

2. 污水盆的安装

污水盆一般设置在公共建筑的厕所和盥洗室内，供洗涤拖布、打扫卫生、倾倒污水之用。盆深一般为 400～500mm，多为水磨石或瓷砖贴面的钢筋混凝土制品，安装如图 3-15 所示。

（1）污水盆有落地式和架空式两种，落地式直接放在地坪上，盆高 500mm；架空式污水盆上沿口安装高度为 800mm，盆脚用砖砌支墩或预制混凝土块支墩。

（2）污水盆的排水栓口径为 DN50，应先将排水栓根母松开卸下，再将排水栓圆盘下抹上油灰，插入污水盆出水口处，在外面套上胶垫、眼圈，带上根母将其固定。落地式污水盆应在排水栓处涂抹油灰，盆底抹水泥浆后将污水盆排水栓插到排

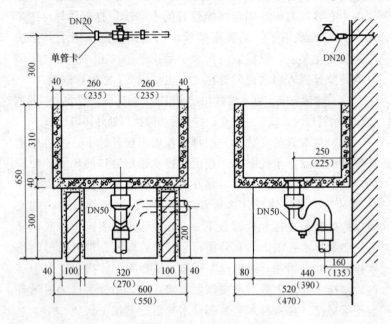

图 3-15　污水盆的安装

水管口内，再将污水盆找正找平。架空式污水盆，先在排水栓丝扣处涂铅油，缠上麻丝，装上 DN50 的管箍，再连接 DN50 钢管作排水管。排水管一头套丝后量好尺寸断好，丝扣处涂铅油，缠麻丝，与排水栓上管箍相连，另一头插入铸铁管存水弯承口内，用麻丝、水泥捻实、抹平。

（3）水嘴安装。落地式污水盆水龙头的安装高度应距地面 800mm；架空式污水盆水龙头的高度应距地面 1000mm。在水龙头丝扣处涂油缠麻，装在给水管口内，找正找平，除净接口处外露填料。

★关键词43 安装便溺器

1. 高水箱蹲式大便器的安装

蹲式大便器使用时臀部没有直接接触大便器，卫生条件较好，适用于集体宿舍、机关大楼等公共建筑的卫生间内。

高水箱蹲式大便器一步台阶的安装形式，如图3-16所示。

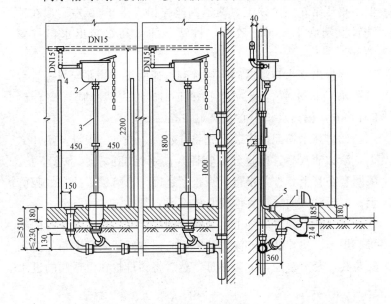

图3-16　高水箱蹲式大便器安装

1—蹲式大便器；2—高水箱；3—冲水管；4—角阀；5—橡皮碗

（1）高水箱安装。确定高水箱出水口的中心位置，向上测量出规定高度（高位水箱距台阶面1.8m）。根据水箱固定孔位置和孔距找出固定螺栓的位置，在墙上画好十字线，剔成 $\phi 30$

×100mm 深的孔眼，并用水冲净孔眼内的杂物，将燕尾螺栓插入洞内用水泥砂浆固定好（也可以用膨胀螺栓固定），将装好配件的高水箱挂在已固定好的螺栓上，加橡胶垫、眼圈、带好螺母拧至松紧适度，同时用水平尺放在高水处上沿找正找平。

冲洗水管与大便器出口处连接时，可以适量涂上肥皂，把橡皮碗套上而且套正套实，然后用 14 号铜丝分别绑扎两道，但不得压结在一条线上，两道铜丝拧扣要错开 90°左右，在冲洗管上端套上螺母、胶圈，将管子插入高水箱出水口拧紧锁母。

测量出高水箱浮球阀距给水管三通的尺寸，在配好短管后再装水箱进水管，最后再上好 DN15 角式截止阀，离台阶 2040mm，偏离水箱中心左侧 400mm。

（2）高水箱配件安装。先将虹吸管、锁母、根母及垫片卸下，涂抹油灰后直接将虹吸管插入高水箱出水孔。将管下垫、眼圈套在管上，拧紧根母直至松紧适度，再将锁母拧在虹吸管上。虹吸管方向、位置应视具体情况自行确定。

将浮球拧到浮球杆上，与浮球阀连接好，再将浮球阀的锁母、根母、垫片卸下，涂抹油灰后将浮球阀插入高水箱的左侧安装孔，套上垫片，上紧根母，然后将锁母拧在浮球阀的进水口上。

将冲洗拉把上的螺母和垫片卸下，再将拉把上的螺栓插入水箱右侧（通常都装在右侧，浮球阀装在左侧）的上沿，加垫圈紧固，调整挑杆间的距离（通常以 40mm 为宜）。挑杆的另一端连接拉把，并将水箱右侧的备用浮球阀安装孔眼用塑料胶盖死。

（3）大便器安装。安装前应检查大便器有无裂纹、缺损，

如发现应及时更换。

将胶皮碗的一端套在大便器进水口上，另一端套在水箱出水管上，要套正套实，并用 14 号铜丝分别捆扎两道，两道铜丝不可压在同一条线上，拧扣要错开 90°。

将排水管甩向大便器的承口，周围清扫干净，然后将管口内的堵物拿掉，并检查管内有无杂物。

在排水管承口内抹上油灰，把适量的白灰膏铺在排水管承口、大便器出水口及插入承口内并稳住。用水平尺找平，将大便器两侧用砖砌好，并用砂浆将大便器两侧填实堵牢，接口处的油灰抹平、抹光，最后将大便器内的出水口堵好，等到通水试验时再拿开。

2. 低水箱坐式大便器的安装

坐式大便器一般布置在较高级的住宅、医院、宾馆等卫生间内，冲洗式低水箱坐式大便器的安装如图 3-17 所示。

（1）低水箱配件安装。先把带溢水管的排水口上的锁母、根母、垫片卸下，涂抹油灰后将排水口插到低水箱出水孔内。将胶垫、垫片套在管上，拧紧根母至松紧适度为止。溢水管口宜低于水箱固定螺孔 10～20mm。低水箱浮球阀的安装和高水箱相同。将圆盘塞入低水箱左上角方孔内，把圆盘上方螺母用扳手或管钳拧至松紧适度，把挑杆煨成勺弯，将扳手轴插入到圆盘孔内，套上挑杆拧紧顶丝，装好冲洗扳手。将挑杆同翻板用尼龙线或铜链连接好，扳动扳手使挑杆上的翻板活动自如。

（2）坐式大便器安装。将坐式大便器预留排水管口的周围清理干净，取下临时管堵，检查管内是否有杂物。

将坐式大便器的出水口对准预留排水口放平找正，在坐式大便器两侧固定螺栓眼处画好印记再移开坐式大便器，将印记做成十字线。在十字线中心处剔 $\phi20\times60$mm 的孔洞（不可把

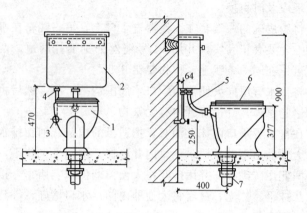

图 3-17　低水箱坐式大便器安装图

1—坐式大便器；2—低水箱；3—角阀；4—给水管；

5—冲水管；6—盖板；7—排水管

楼板打穿），把 $\phi6\sim\phi8$ 的螺栓插入孔洞内用水泥栽牢，也可以用 $\phi6\sim\phi8$ 的膨胀螺栓固定坐式大便器。将坐式大便器试稳，使固定螺栓和坐式大便器吻合，移开坐式大便器。

　　检查坐式大便器内是否有残留杂物，在坐式大便器排水口周围和底面上抹上油灰，再将坐式大便器对准螺栓出水口DN100 的排水管口内，并用水平尺反复校正，慢慢按压，使填料压实、稳正。螺栓上套上橡皮垫、眼圈，上螺母拧至松紧适度。就位固定后，再将坐式大便器周围多余的杂物清理干净，并用 $1\sim2$ 桶水灌入坐式大便器内，防止在施工过程中损坏木盖。

　　对准坐式大便器尾部进水口的中心，在墙上画好垂直线，再按低水箱上沿的高度在墙上画出横线，然后以此线和坐式大便器的中心线为基准线，根据水箱背面固定孔眼的实际尺寸，

在墙上标出螺栓孔位置，画好十字线。在十字线的中心处剔出 $\phi30\times70$mm 的孔洞，把带有燕尾的镀锌螺栓（规格 $\phi100\times100$mm）插入孔内，并用水泥栽牢，也可以用膨胀螺栓固定。将低水箱挂在螺栓上放平、找正，把水箱出水口和坐式大便器进水口中心对正，螺栓上套好橡皮垫，带上眼圈，螺母拧至松紧适度。将低水箱出水口和坐式大便器进水口的锁母卸下，背靠背地套在 90°铜质或塑料的冲水弯上，在弯管两端套上胶圈（或缠绕铅油麻丝），一端插入到低水箱出水口，另一端则插进坐式大便器端进水口，两端均用锁母拧上至松紧适度为宜。

★关键词44　安装净身盆

1. 净身盆配件安装

净身盆的安装如图 3-18 所示。

（1）喷嘴安装。将喷嘴靠瓷面处加 1mm 厚的胶垫，抹少许油灰，将定型铜管一端与喷嘴连接，另一端与混合阀门四通下转心阀门连接。拧紧锁母，转心阀门门挺须朝向与四通平行一侧，以免影响手提拉杆的安装。

（2）排水口安装。将排水口加胶垫，穿入净身盆排水孔眼，拧入排水三通上口。同时检查排水口与净身盆排水孔眼的凹面是否紧密，如有松动及不严密现象，可将排水口锯掉一部分，尺寸合适后，将排水口圆盘下加抹油灰，外面加胶垫、眼圈，用自制叉扳手卡入排水口内十字筋，使溢水口对准净身盆溢水孔眼，拧入排水三通上口。

（3）手提拉杆安装。将挑杆弹簧珠装入排水三通中口，拧紧锁母至松紧适度。然后将手提拉杆插入空心螺栓，用卡具与横挑杆连接，调整定位，使手提拉杆活动自如。

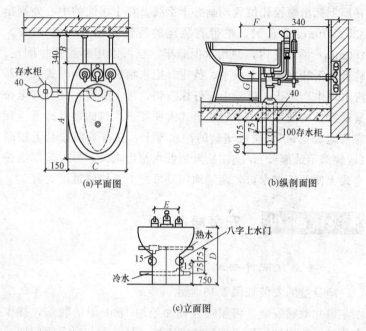

(a)平面图　　　　　　　　　　(b)纵剖面图

(c)立面图

图3-18　净身盆安装

净身盆配件装完以后，应接通临时水试验无渗漏后方可进行稳装。

2. 净身盆稳装

（1）将排水预留管口周围清理干净，将临时管堵取下，检查有无杂物。将净身盆排水三通下口铜管装好。

（2）将净身盆排水管插入预留排水管口内，将净身盆稳平找正。净身盆尾部距墙尺寸一致。将净身盆固定螺栓孔及底座画好印记，移开净身盆。

（3）将固定螺栓孔印记画好十字线，剔成 $\phi20\times60$mm 孔眼，将螺栓插入洞内栽好。再将净身盆孔眼对准螺栓放好，与

原印记吻合后再将净身盆下垫好白灰膏，排水铜管套上护口盘。净身盆稳牢、找平、找正。固定螺栓上加胶垫、眼圈，拧紧螺母。清除余灰，擦拭干净。将护口盘内加满油灰与地面按实。净身盆底座与地面有缝隙之处，嵌入白水泥浆补齐、抹光。

★关键词45　安装地漏

1. 普通地漏

普通地漏的水封深度较浅，如果只担负排除溅落水时，要注意经常注水，以免水封受蒸发破坏。该种地漏有圆形和方形两种供选择，材质为铸铁、塑料、黄铜、不锈钢、镀铬算子，如图 3-19 所示。

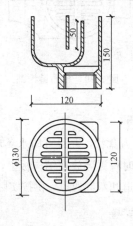

图 3-19　普通地漏

2. 多通道地漏

多通道地漏有一通道、二通道、三通道等多种形式，而且通道位置可不同，使用方便。因多通道可连接多根排水管，所以主要用于卫生间内设有洗脸盆、洗手盆、浴盆和洗衣机时。这种地漏为防止不同卫生器具排水可能造成的地漏反冒，故设有塑料球可封住通向地面的通道，如图3-20所示。

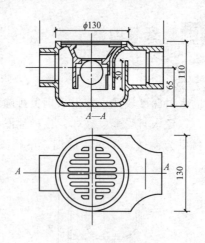

图 3-20　多通道地漏

3. 存水盒地漏

存水盒地漏的盖为盒状，并设有防水翼环可随不同地面需要调节安装高度，施工时将翼环放在结构板上，如图3-21所示。这种地漏还附有单侧通道和双侧通道，供按实际情况选用。

4. 双箅杯式地漏

双箅杯式地漏内部水封盒用塑料制作，形如杯子，便于清洗，比较卫生，排泄量大，排水快，采用双箅有利于拦截污物，如图3-22所示。这种地漏另附塑料密封盖，完工后去除，避免施工时掉落泥砂石等杂物引起堵塞。

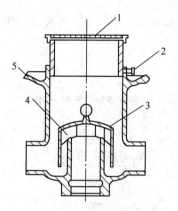

图 3-21　存水盒地漏

1—算子；2—调高螺栓；3—存水盒罩；4—支承件；5—防水翼

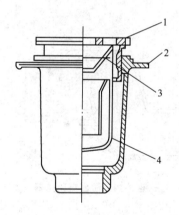

图 3-22　双算杯式水封地漏

1—镀铬算子；2—防水翼环；3—算子；4—塑料杯式水封

5.　防回流地漏

防回流地漏适用于地下室，或用于电梯井排水和地下通道排水，这种地漏设有防回流装置，可防止污水倒流，如图 3-23 和图 3-24 所示。

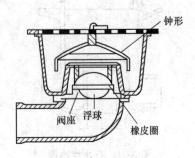

图 3-23　防回流地漏

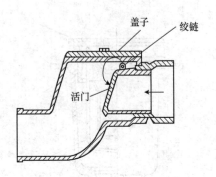

图 3-24　防回流阻止阀

★关键词 46　安装沐浴设备

1. 淋浴器的安装

（1）暗装管道先将冷、热水预留管口加试管找平、找正。

量好短管尺寸，断管、套丝、涂铅油、缠麻，将弯头上好。明装管道按规定标高煨好"Ω"弯（俗称元宝弯），上好管箍。

（2）淋浴器锁母外丝丝头处抹油、缠麻。用自制扳手卡住内筋，上入弯头或管箍内。再将淋浴器对准锁母外丝，将锁母拧紧。将固定圆盘上的孔眼找平、找正。画出标记，卸淋浴器，将印记剔成 $\phi10\times40mm$ 孔眼，栽好铅皮卷。再将锁母外丝口加垫抹油，将淋浴器对准锁母外丝口，用扳手拧至松紧适度。再将固定圆盘与墙面靠严，孔眼平正，用木螺丝固定在墙上。

（3）将淋浴器上部铜管预装在三通口上，使立管垂直，固定圆盘与墙面贴实，孔眼平正，画出孔眼标记，栽入铅皮卷，锁母外加垫抹油，将锁母拧至松紧适度。将固定圆盘采用木螺丝固定在墙面上。

（4）浴盆软管淋浴器挂钩的安装高度，如设计无要求，应距地面1.8m。

2. 浴盆的安装

（1）浴盆稳装前应将浴盆内表面擦拭干净，同时检查瓷面是否完好。带腿的浴盆先将腿部的螺丝卸下，将销头插入浴盆底卧槽内，把腿扣在浴盆上带好螺母拧紧找平。浴盆如砌砖腿时，应配合土建施工把砖腿按标高砌好。将浴盆稳于砖台上，找平、找正。浴盆与砖腿缝隙处用1：3水泥砂浆填充抹平。

（2）有饰面的浴盆，应留有通向浴盆排水口的检修门。

（3）入墙式单柄龙头浴盆的安装如图 3-25 所示，其他形式还有普通式单柄龙头浴盆和普通双柄龙头裙边浴盆（同层排水）等。

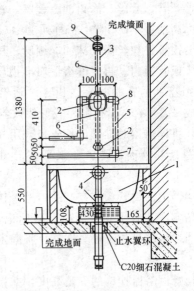

图 3-25　入墙式单柄龙头浴盆安装

1—浴盆；2—水龙头；3—滑杆；4—排水配件；5—冷水管；

6—热水管；7—90°弯头；8—内螺纹弯头；9—莲蓬头

第 6 节　热水器的安装

★关键词 47　安装换热器

1. 设备基础验收及处理

（1）设备安装前，应对基础进行检查，混凝土基础的外形尺寸、坐标位置及预埋件，应符合设备图纸的要求。

（2）预埋地脚螺栓的螺纹，应无损坏、锈蚀，且有保护

措施。

（3）滑动端预埋板上表面的标高、纵横向中心线及外形尺寸、地脚螺栓，应符合设计图纸的要求。

（4）预埋板表面应光滑平整，不得有挂渣、飞溅及油污。

（5）在基础验收合格后，在放置垫铁的位置处凿出麻面。

2. 垫铁的选用及安装要求

（1）设备每个地脚螺栓近旁放置一组垫铁，垫铁组尽量靠近地脚螺栓。

（2）垫铁组放置尽量放在设备底座的加强筋下，相邻两垫铁组的距离宜为 500m。

（3）每一组垫铁组的高度一般为 30～70mm，且不超过 5 块，设备安装后垫铁露出设备支板边缘 10～20mm。斜垫铁成对使用，斜面要相向使用，搭接长度不小于全长的 3/4，偏斜角度不超过 3°。

3. 换热设备安装

（1）根据设计图纸核对设备的管口方位、中心线和重心位置，确认无误后方可就位。设备的找正与找平应按基础上的安装基准线（中心标记、水平标记）对应设备上的基准测点进行调整和测量。设备各支承的底面标高应以基础上的标高基准线为基准。

（2）整体换热器安装：根据现场条件采用叉车、滚杠等将换热器运到安装部位；采用汽车吊、拔杆、悬吊式滑轮组等设备机具将换热器吊到预先准备好的支架或支座上，同时进行设备定位复核（许多整体换热器都带有支座，直接吊装到位即可）。

（3）设备找平，应采用垫铁或其他调整件进行，严禁采用改变地脚螺栓紧固程度的方法。

（4）地脚螺栓与相应的长圆孔两端的间距，应符合设计图样或技术文件的要求。不符合要求时，允许扩孔修理。

（5）换热器设备安装合格后应及时紧固地脚螺栓。

（6）换热设备的配管完成后，应松动滑动端支座螺母，使其与支座板面间留出1~3mm的间隙，然后再安装一个锁紧螺母。

（7）换热器重叠安装时，应按制造厂的施工图样进行组装。重叠支座间的调整垫板，应在试压合格后焊在下层换热设备的支座上。

（8）对热交换器以最大工作压力的1.5倍做水压试验，蒸汽部分应不低于蒸汽供汽压力加0.3MPa；热水部分应不低于0.4MPa。在试验压力下，保持10min压力不降为合格。

（9）壳管式热交换器的安装，如设计无要求时，其封头与墙壁或屋顶的距离不得小于换热管的长度。

（10）管道连接和仪表安装：各种控制阀门应布置在便于操作和维修的部位。仪表安装位置应便于观察和更换。交换器蒸汽入口处应按要求装设减压装置。交换器上应装压力表和安全阀。回水入口应设置温度计，热水出口设温度计和放气阀。

（11）换热器安装完毕进行保温施工。

★关键词 48 安装太阳能热水器

太阳能热水器的安装步骤如下。

（1）安装准备。根据设计要求开箱核对热水器的规格型号是否正确，配件是否齐全，清理现场，画线定位。

（2）支座制作安装。应根据设计详图配制，一般为成品现场组装。其支座架地脚盘安装应符合设计要求。

（3）热水器设备组装。

① 在安装太阳能集热器玻璃前，应对集热排管和上、下

集热管作水压试验，试验压力为工作压力的 1.5 倍。试验压力下 10min 内压力不降，不渗不漏为合格。

② 制作吸热钢板凹槽时，其圆度应准确，间距应一致。安装集热排管时，应用卡箍和钢丝紧固在钢板凹槽内。

③ 安装固定式太阳能热水器朝向应正南，如受条件限制时，其偏移角不得大于 15°。集热器的倾角，对于春、夏、秋三个季节使用的，应采用当地纬度为倾角；若以夏季为主，可比当地纬度减少 10°。

④ 太阳能热水器的最低处应安装泄水装置。

⑤ 太阳能热水器安装的允许偏差应符合规定。

（4）直接加热的贮热水箱制作安装。

① 给水应引至水箱底部，可采用补给水箱或漏斗配水方式。

② 热水应从水箱上部流出，接管高度一般比上循环管进口低 50～100mm，为保证水箱内的水能全部使用，应从水箱底部接出管与上部热水管并联。

③ 上循环管接自水箱上部，一般比水箱顶低 200mm 左右，并要保证正常循环时淹没在水面以下，并使浮球阀安装后工作正常。

④ 下循环管接自水箱下部，为防止水箱沉积物进入集热器，出水口宜高出水箱底 50mm 以上。

⑤ 由集热器上、下集管接往热水箱的循环管道，应有不小于 0.5‰的坡度。

⑥ 水箱应设有泄水管、透水管、溢流管和需要的仪表装置。

⑦ 自然循环的热水箱底部与集热器上集管之间的距离为 0.3～1.0m，上下集管设在集热器以外时应高出 600mm 以上。

（5）自然循环系统管道安装。

① 为减少循环水头损失，应尽力缩短上、下循环管道的长度和减少弯头数量，应采用大于4倍曲率半径、内壁光滑的弯头和顺流三通。

② 管路上不宜设置阀门。

③ 在设置几台集热器时，集热器可以并联、串联或混联，循环管路应对称安装，各回路的循环水头损失平衡。

④ 循环管路（包括上下集管）安装应有不小于1‰的坡度，以便于排气。管路最高点应设通气管或自动排气阀。

⑤ 循环管路系统最低点应加泄水阀，使系统存水能全部泄净。每台集热器出口应加温度计。

⑥ 机械循环系统适合大型热水器设备使用，安装要求与自然循环系统基本相同。水泵安装应能满足系统100℃高温下正常运行，间接加热系统高点应设膨胀管或膨胀水箱。

⑦ 热水器系统安装完毕，在交工前按设计要求安装温控仪表。

⑧ 凡以水作介质的太阳能热水器，在0℃以下地区使用，应采取防冻措施。热水箱及上、下集管等循环管道均应保温。

⑨ 太阳能热水器系统交工前进行调试运行。系统上满水，排除空气，检查循环管路有无气阻和滞流，机械循环系统应检查水泵运行情况及各回路温升是否均衡，做好温升记录，水通过集热器一般应升温3~5℃。符合要求后办理交工验收手续。

★关键词 49　安装电热水器

电热水器分为贮水式和快热式两种，安装时应注意以下事项：

（1）电热水器不应安装在易燃物堆放或对燃气管、表或电气设备产生影响及有腐蚀性气体和灰尘多的地方。

（2）电热水器必须带有接地等保证使用安全的装置。

（3）不同容量壁挂式电热水器的湿重范围为 50～160kg，通过支架悬挂在墙上，应按不同的墙体承载能力确定安装方法。对承重墙用膨胀螺钉固定支架；对轻质隔墙及墙厚小于 120mm 的砌体应采用穿透螺栓固定支架；对加气混凝土等非承重砌块用膨胀螺钉固定支架，并加托架支撑热水器本体。

（4）落地贮水式电热器应放在室内平整的地面或者高度 50mm 以上的基座上。

（5）热水器的安装位置宜尽量靠近热水使用点，并留有足够空间进行操作维修或更换零件。

（6）贮水式电热水器，给水管道上应设置止回阀；当给水压力超过热水器铭牌上规定的最大压力值时，应在止回阀前设减压阀。

★关键词 50　安装燃气热水器

燃气热水器按给排气方式及安装位置可分为烟道式、强制排气式、平衡式、室外式和强制给排气式；按构造可分为容积式和快通式。安装燃气热水器时应注意以下事项。

（1）燃气热水器不应安装在易燃物堆放或对燃气管、表或电气设备产生影响及有腐蚀性气体和灰尘多的地方。

（2）燃气热水器必须带有保证使用安全的装置。严禁在浴室内安装直接排气式燃气热水器等在使用空间内积聚有害气体的加热设备。

（3）对燃气容积式热水器，给水管道上应设置止回阀；当给水压力超过热水器铭牌上规定的最大压力值时，应在止回阀前设减压阀。

（4）燃气热水器应安装在不可燃材料建造的墙面上。当安装部位是可燃材料或难燃材料时，应采用金属防热板隔热，隔热板与墙面距离应大于10mm。排气管、给排气管穿墙部分可采用设预制带洞混凝土块或预埋钢管留洞方式。

（5）燃气热水器所配备的排气管或给排气管应采用不锈钢或钢板双面搪瓷处理（厚度不小于0.3mm），或同等级耐腐、耐温及耐燃的其他材料。其密封件应采用耐腐蚀性的材料。

（6）热水器本体与可燃材料、难燃材料装修的建筑物部位的间隔距离应符合规定。

（7）热水器的排气筒、给排气筒与可燃材料、难燃材料装修的建筑物间的相隔距离应符合规定。

第7节　室内消防系统的安装

★关键词51　安装室内消防栓

1. 安装准备

（1）技术准备。

① 认真熟悉图纸，根据施工方案，安全技术交底的具体措施选用材料，测量尺寸，绘制草图，预制加工。

② 核对有关专业图纸，核对消火栓设置方式、箱体外框规格尺寸和栓阀单栓或双栓情况，查看各种管道的坐标、标高是否有交叉或排列位置不当，及时与设计人员研究解决，办理洽商手续。

③ 检查预埋件和预留洞是否准确。对于暗装或半暗装消火栓，在土建主体施工过程中，要配合土建做好消火栓的预留

洞工作。留洞的位置和标高应符合设计要求，留洞的大小不仅要满足箱体的外框尺寸，还要留出从消火栓箱侧面或底部连接支管所需要的安装尺寸。

④ 要安排合理的施工顺序，避免工种交叉作业干扰，影响施工。

（2）作业条件。

① 主体结构已验收，现场已清理干净。施工现场及施工用的水、电、气应满足施工要求，并能保证连续施工。

② 管道安装所需要的基准线应测定并标明，如吊顶标高、地面标高、内隔墙位置线等。安装管道所需要的操作架应由专业人员搭设完毕。

③ 设备平面布置图、系统图、安装图等施工图及有关技术文件应齐全。

④ 设计单位应向施工单位进行技术交底。

⑤ 系统组件、管件及其他设备、材料，应能保证正常施工。

⑥ 检查管道支架、预留孔洞的位置、尺寸是否正确。

2. 消火栓安装要点

（1）消火栓箱安装。

① 消火栓箱体要符合设计要求（其材质有木、铁和铝合金等），栓阀有单出口和双出口等。产品均应有消防部门的制造许可证、合格证及3C认证报告方可使用。

② 安装消火栓支管，以栓阀的坐标、标高定位，甩口。核定后稳固消火栓箱。对于暗装的消火栓箱应先核实预留洞口的位置、尺寸大小，不适合的应进行修正，然后把消火栓箱预放入孔洞内，无误后用专用机具在消火栓箱上管道穿越的地方开孔，如箱体预留有穿越孔则把该孔内铁片敲落，开孔大小合适，且应保证管道居中穿越。位置确定无误后进行稳装。安装

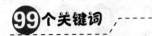

好消火栓支管后协调土建填实封闭孔洞。

③ 对于明装的消火栓箱，先在箱体背面四角适当位置用专用工具开螺栓孔，大小适宜。然后用专用机具在消火栓箱上管道穿越地方开孔，如箱体预留有穿越孔则将铁片敲掉，开孔大小合适。确定消火栓箱位置，保证安装后箱体平正牢固，穿越管道居中。在墙体或支架的对应位置上安装固定螺栓，位置正确、牢固。稳装消火栓箱，消火栓箱体安装在轻质隔墙上时，应有加固措施。

④ 对于暗装的消火栓箱应先核实预留洞口的位置、尺寸大小，不合适的应进行修正；然后把消火栓箱预放入孔洞内，无误后用专用机具在消火栓箱上管道穿越的地方开孔，如箱体预留有穿越孔则把该孔内铁片敲落，开孔大小合适，且应保证管道居中穿越；确定位置无误后，进行稳装，先用砖石固定消火栓箱，位置准确、箱体平整牢固，安装好消火栓支管后协调土建填实封闭孔洞。

⑤ 封堵消火栓箱支管穿越箱体处孔洞，与箱体吻合无明显缝隙，平滑、色泽与箱体一致。工程竣工前安装消火栓箱柜、箱门，并安放消火栓配件。箱门开闭灵活，门框接触紧密无明显缝隙，平正牢固。

⑥ 对单出口的消火栓、水平支管，应从箱的端部经箱底由下而上引入，其安装位置尺寸如图 3-26，消火栓中心距地1.1m，栓口朝外。

⑦ 对双出口的消火栓，其水平支管可从箱底的中部，经箱底由下而上引入，其双栓出口方向与墙角成45°角，如图3-27所示。

⑧ 消火栓安装完毕，应清除箱内杂物，箱体内外有损伤部位局部刷漆，暗装在墙内的消火栓箱体周围不应有空鼓现

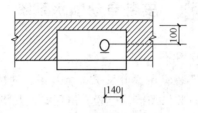

图 3-26　单出口消火栓

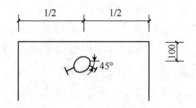

图 3-27　双出口消火栓

象，管道穿过箱体空隙应用水泥砂浆、密封膏、或密封盖扳（圈）封严。

（2）消火栓配件安装。

① 在交工前进行，消防水龙带应折好放在挂架、托盘、支架上或采用双头盘带的方式卷实，盘紧放在箱内。

② 安装消火栓水龙带，水龙带与水枪和快速接头绑扎好后，应根据箱内构造将水龙带挂放在箱内的挂钉、托盘或支架上。消防水龙带与水枪的连接，一般采用卡箍，并在里侧绑扎两道 14♯ 铁丝。消防水枪要竖放在箱体内侧，自救式水枪和软管应放在挂卡上或放在箱底部。

③ 设有电控按钮时，应注意与电气专业配合施工。

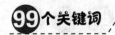

★关键词52　　安装自动喷水系统

1. 喷头的安装

（1）喷头安装应在管道系统试压合格并冲洗干净后进行，安装前已按建筑装修图确定位置，吊顶龙骨安装完毕按吊顶材料厚度确定喷头的标高。封吊顶时按喷头预留口位置在吊顶板上开孔。喷头安装在系统管网试压、冲洗合格，油漆管道完后进行。核查各甩口位置准确，甩口中心成排成线。安装在易受机械损伤处的喷头，应加设喷头防护罩。

（2）喷头管径一律为 25mm，末端用 25mm×15mm 的异径管箍联结喷头，管箍口应与吊顶装修平齐，可采用拉网格线的方式下料、安装。支管末端的弯头处 100mm 以内应加卡件固定，防止喷头与吊顶接触不牢，上下错动。支管安装完毕，管箍口须用丝堵拧紧封堵严密，准备系统试压。

（3）安装喷头使用专用扳手（灯叉形）安装喷头，严禁使喷头的框架和溅水盘受力。安装中发现框架或溅水盘变形的喷头应立即用相同喷头更换。喷头安装时，不能对喷头进行拆装、改动，严禁给喷头加任何装饰性涂层。填料宜采用聚四氟乙烯生料带，喷头的两翼方向应成排统一安装，走廊单排的喷头两翼应横向安装。护口盘要贴紧吊顶，人员能触及的部位应安装喷头防护罩。

（4）吊顶上的喷头须在顶棚安装前安装，并做好隐蔽记录，特别是装修时要做好成品保护。吊顶下喷头须等顶棚施工完毕后方可安装，安装时注意型号使用正确。

（5）吊顶下的喷头须配有可调式镀铬黄铜盖板，安装高度低于 2.1m 时，加保护套。当有的框架、溅水盘产生变形，应

采用规格、型号相同的喷头更换。

（6）支吊架的位置以不妨碍喷头喷洒效果为原则。一般吊架距喷头应大于 300mm，对圆钢吊架可以小到 70mm，与末端喷头之间的距离不大于 700mm。

（7）为防止喷头喷水时管道产生大幅度晃动，干管、立管、支管末端均应加防晃固定支架。干管或分层干管可设在直管段中间，距主管及末端不宜超过 12m。管道改变方向时，应增设防晃支架。防晃支架应能承受管道、零件、阀门及管内水的总量和 50% 水平方向推动力而不损坏或产生永久变形。立管要设两个方向的防晃固定支架。

（8）当喷头溅水盘高于附近梁底或高于宽度小于 1.2m 的通风管道、排管、桥架腹面时，喷头溅水盘高于梁底、通风管道、排管、桥架腹面的最大垂直距离。

（9）当梁、通风管道、排管、桥架宽度大于 1.2m 时，增设的喷头应安装在其腹面以下部位。当喷头安装在不到顶的隔断附近时（图 3-28），喷头与隔断的水平距离和最小垂直距离应符合表 3-11 和表 3-12 的规定。

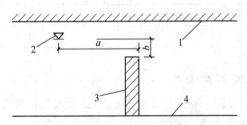

图 3-28　喷头与隔断障碍物的距离
1—屋顶；2—喷头；3—障碍物；4—地面

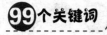

表3-11 喷头与隔断的水平距离和最小垂直距离（直立与下垂喷头）

单位：mm

喷头与隔断的水平距离 a	喷头与隔断的最小垂直距离 b
$a < 150$	80
$150 \leqslant a < 300$	150
$300 \leqslant a < 450$	240
$450 \leqslant a < 600$	320
$600 \leqslant a < 700$	390
$a \geqslant 750$	460

表3-12 喷头与隔断的水平距离和最小垂直距离（大水滴喷头）

单位：mm

喷头与隔断的水平距离 a	喷头与隔断的最小垂直距离 b
$a < 150$	40
$150 \leqslant a < 300$	80
$300 \leqslant a < 450$	100
$450 \leqslant a < 600$	130
$600 \leqslant a < 700$	140
$750 \leqslant a < 900$	150

2. 报警阀组安装

（1）报警阀应有商标、规格、型号及永久性标志，水力警铃的铃锤转动灵活，无阻滞现象。

（2）报警阀处地面应有排水措施，环境温度不应低于5℃。报警阀组应设在明显、易于操作的位置，距地高度宜为1m左右。

（3）报警阀组应按产品说明书和设计要求安装，控制阀应

有启闭指示装置，阀门处于常开状态。

（4）报警阀组安装前应逐个进行渗漏试验，试验压力为工作压力的 2 倍，试验时间 5min，阀瓣处应无渗漏。报警阀组的安装应先安装水源控制阀、报警阀，然后再进行报警阀组辅助管道的连接。

（5）水源控制阀、报警阀与配水干管的连接，应使水流方向一致。

（6）水力警铃应安装在相对空旷的地方。报警阀、水力警铃排水应按照设计要求排放到指定地点。

3. 水流指示器安装

（1）水流指示器应有清晰的铭牌、安全操作指示标志和产品说明书；还应有水流方向的永久性标志。除报警阀组控制的喷头只保护不超过防火分区面积的同层场所外，每个防火分区、每个楼层均应设水流指示器。仓库内顶板下喷头与货架内喷头应分别设置水流指示器。

（2）水流指示器一般安在每层的水平分支干管或某区域的分支干管上。水流指示器应安装在水平管道上侧，其动作方向应和水流方向一致；安装后的水流指示器桨片、膜片应动作灵活，不应与管壁发生碰擦。

（3）水流指示器的规格、型号应符号设计要求，应在系统试压、冲洗合格后进行安装。

（4）水流指示器前后应保持有五倍安装管径的直线段，安装时注意水流方向与指示器的箭头一致。

（5）国内产品可直接安装在丝扣三通上，进口产品可在干管开口，用定型卡箍紧固。水流指示器适用于 50～150mm 的管道安装。

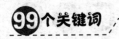

4. 节流装置安装

（1）在高层消防系统中，为防止低层的喷头和消火栓流量过大，可采用减压孔板或节流管等装置均衡。

（2）减压孔板应设置在直径不小于 50mm 的水平管段上，孔口直径不应小于安装管端直径的 50%，孔板应安装在水流转弯处下游一侧的直管段上。

（3）与弯管的距离不应小于设置管段直径的两倍，采用节流管时，其长度不宜小于 1m。节流管直径选择按表 3-13 选用。

表 3-13　节流管直径　　　　　单位：mm

管段直径	50	70	80	100	125	150	200
节流直径	25	32	40	50	80	80	100

5. 水泵接合器安装

（1）水泵接合器规格应根据设计选定，其安装位置应有明显的标志，阀门位置应便于操作，接合器附近不得有障碍物。

（2）安全阀应按系统工作压力定压，防止消防车加压过高破坏室内管网及部件，接合器应安装泄水阀。

6. 信号阀安装

信号阀应安装在水流指示器前的管道上，与水流指示器之间的距离不应小于 300mm。

第 **4** 章　综合布线工程

第 1 节　室内布线的基本要求

★关键词53　选择导线

1. 导线的型号与用途

绝缘导线的种类很多，常用的绝缘导线见表 4-1。

表 4-1　常用绝缘导线的种类及用途

型号	名称	主要用途
BX	铜芯橡皮线	固定敷设用
BV	铜芯聚氯乙烯塑料线	
BVV	铜芯聚氯乙烯绝缘、护套线	
RVS	铜芯聚氯乙烯软线	灯头和移动电气设备的引线
AV、AVR、AVV	塑料绝缘安装	电气设备安装
KVV、KXV	控制电缆	室内敷设
YQ、YZ、YC	通用电缆	连接移动电气

绝缘导线的型号一般由四部分组成：第一部分为导线类型，A 代表安装用导线，B 代表布线用导线，R 代表软导线；第二部分为导体材料，L 代表铝芯，不标注代表铜芯，通常情况下都为铜芯；第三部分为绝缘材料，V 代表聚氯乙烯塑料，

X代表橡胶；第四部分为标称截面积，单位是 mm^2。

2. 导线的选择

室内布线用电线、电缆选择型号和截面时，应根据低压配电系统的额定电压、电力负荷、敷设环境及其与附近电气装置、设施之间能否产生有害的电磁感应等要求。

（1）电线、电缆导体的截面大小应根据敷设方式、环境温度和使用条件来确定，其额定载流量不应小于预期负荷的最大计算电流，线路电压损失不应超过允许值。

单相回路中的中性线应与相线截面大小相同。

（2）室内布线若采用单芯导线做固定装置的 PEN 干线，其截面面积应符合规定，铜材不应小于 $10mm^2$，铝材不应小于 $16mm^2$；若采用多芯电缆的线芯用于 PEN 干线，其最小截面可为 $4mm^2$。

（3）当 PEN 干线所用材质与相线相同时，按热稳定要求，截面面积不应小于表 4-2 所列规定。

表 4-2　保护线的最小截面面积　　单位：mm^2

装置的相线截面 S	接地线及保护线最小截面面积
$S \leqslant 16$	S
$16 < S \leqslant 35$	16
$S > 35$	$S/2$

（4）导线最小截面除应符合规定外，还应满足机械强度的要求，不同敷设方式导线线芯的最小截面面积不应小于表 4-3 的规定。

表 4-3　不同敷设方式导线线芯的最小截面面积

敷设方式		线芯最小截面面积/mm²		
		铜芯软线	铜线	铝线
敷设在室内绝缘支持件上的裸导线		—	2.5	4.0
敷设在室内绝缘支持件上的绝缘导线其支持点间距	L≤2m　室内	—	1.0	2.5
	L≤2m　室外	—	1.5	2.5
	2m<L≤6m	—	2.5	4.0
	6m<L≤12m	—	2.5	6.0
穿管敷设的绝缘导线		1.0	1.0	2.5
槽板内敷设的绝缘导线		—	1.0	2.5
塑料护套线明敷		—	1.0	2.5

（5）当用电负荷大部分为单相用电设备时，相线截面面积宜大于 N 线或 PEN 干线的截面面积；以气体放电灯为主要负荷的回路中，相线截面面积应大于 N 线的截面面积；采用可控硅调光的三相四线或三相三线配电线路，其 N 线或 PEN 干线的截面面积不应小于相线截面面积的 2 倍。

★关键词54　布置导线

在室内布线中，所有线路必须横平竖直，禁止蛛网式分布。室内布线时，严禁出现扭绞、死弯、绝缘层破坏、护套层破坏等缺陷。

为了使同一区域内的线路和各类器具达到整齐美观，施工前必须统一标高，以适应使用的需要。

室内布线与各种管道的最小距离不能小于表 4-4 的规定。

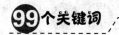

表4-4　电气线路与管道间最小距离　　单位：mm

管道名称	配线方式		穿管配线	绝缘导线明配线	裸导线配线
蒸汽管	平行	官道上	1000	1000	1500
		管道下	500	500	1500
	交叉		300	300	1500
暖气管、热水管	平行	官道上	300	300	1500
		管道下	200	200	1500
	交叉		100	100	1500
通风、给排水及压缩空气管	平行		100	200	1500
	交叉		50	100	1500

注：1. 蒸汽管道，当在管外包隔热层后，上下平行距离可减至200mm。

2. 气管、热水管应设隔热层。

3. 裸导线，应在裸导线处加装保护网。

★关键词55　连接导线

连接导线时应注意以下事项。

（1）在割开导线绝缘层进行连接时，不应损伤线芯；导线的接头应在接线盒（如灯头盒、开关盒）内连接，导线在盒内应留有余量；不同材料导线不可直接连接；分支线接头处，干线不应受到来自支线的横向拉力。

（2）绝缘导线除芯线连接外，在连接处应用绝缘胶带包缠均匀、严密，不能松散、粗大，包缠长度应大于接线段的全长。包缠后的绝缘强度不得低于原有强度。

（3）单股铝线与电气设备端子可直接连接；多股铝芯线应采用焊接或压接后再与电气设备端子连接，压模规格同样应与线芯截面相符。

（4）单股铜线与电气器具端子可直接连接。截面面积超过 2.5mm² 的多股铜线连接应采用焊接或压接端子再与电气器具连接，采用焊接方法应先将线芯拧紧后，再经搪锡然后再与器具连接，焊锡应饱满，焊后要清除残余焊药和焊渣，不应使用酸性焊剂。用压接法连接，压模的规格应与线芯截面相符。

★关键词56　　验收管材

电气安装用导管在进场验收时，除应按批查验其合格证外，还应注意以下几点。

（1）硬质阻燃塑料管（绝缘导管）。凡进场的阻燃型（PVC）塑料管，其材质均应具有阻燃、耐冲击性能，其氧指数不应低于 27% 的阻燃指标，并应有检定检验报告单和产品出厂合格证。

阻燃型塑料管外壁应有间距不大于 1m 的连续阻燃标记和制造厂厂标，管子内、外壁应光滑，无凸棱、凹陷、针孔及气泡等缺陷，内外径的尺寸应符合国家统一标准，管壁厚度应均匀一致。

（2）塑料阻燃型可挠（波纹）管。塑料阻燃型可挠（波纹）管及其附件必须符合阻燃标准，其管外壁应有间距不大于 1m 的连续阻燃标记和制造厂标，产品有合格证。管壁应厚度均匀，无裂缝、孔洞、气泡及变形现象。管材不得在高温及露天场所存放。

管箍、管卡头、护口应使用配套的阻燃型塑料制品。

（3）钢管。镀锌钢管（或电线管）壁厚均匀，焊缝均匀规则，无劈裂、沙眼、棱刺和凹扁现象。除镀锌钢管外其他管材的内外壁需预先进行除锈防腐处理，埋入混凝土内的部分可不刷防锈漆，但应进行除锈处理。镀锌钢管或刷过防腐漆的钢管应表层完整，无剥落现象。

管箍螺纹要求是通丝，螺纹清晰，无乱扣现象，镀锌层完整无剥落、无劈裂，两端光滑无毛刺。薄、厚壁管选用不同的护口，护口应完整无损。

（4）可挠金属电线管。选用的可挠金属电线管及其附件都应有合格证，并应符合国家现行技术标准的有关规定。同时还应具有当地消防部门出示的阻燃证明，规格型号应符合国家规范的规定和设计要求。

可挠金属电线管配线工程采用的管卡、支架、吊杆、连接件及盒箱等附件，均应镀锌或涂防锈漆。

（5）线槽。应查验其合格证，外观应部件齐全，表面光滑、不变形。塑料线槽有阻燃标志和制造厂标志。

★关键词57 加工管材

1. 管子弯曲

（1）外观。管路弯曲处不应有起皱、凹穴等缺陷，弯扁程度不应大于管外径的10%，配管接头不宜设在弯曲处，埋地管不宜把弯曲部分表露地面，镀锌钢管不准用热煨弯使锌层脱落。

（2）弯曲半径。暗配管弯曲半径一般不小于管外径的6倍，如埋设于地下或混凝土楼板内时，则不应小于管外径的10倍。

当有多个弯时，明配管弯曲半径一般不小于管外径的6倍，如只有一个弯时，则不应小于管外径的4倍。

2. 配管连接

（1）塑料管连接。硬塑料管采用插入法连接时，插入深度为管内径的1.1～1.8倍；采用套接法连接时，套管长度为连接管口内径的1.5～3倍，连接管的对口处应位于套管的中心；

用胶黏剂粘接接口，确认牢固、密封。

半硬塑料管用套管粘接法连接，套管长度不小于连接管外径的 2 倍。

（2）薄壁管连接。薄壁管严禁使用对口焊接，也不宜采用套筒连接，如采用螺纹连接，套丝长度应为束节长度的 1/2。

（3）厚壁管连接。厚壁管在 50mm 及 50mm 以下应采用套丝连接，对埋入泥土的管或暗配管宜采用套筒焊接，焊接后的接口应牢固、严密，套筒长度为连接管外径的 1.5～3 倍，连接管的对口应处在套管的中心。

★关键词58　安装配管

1. 配管固定

（1）明配管固定。明配管应排列整齐，固定点距均匀。管卡与管终端、转弯处中点、电气设备或接线盒边缘的距离 l，随管径不同而不同。l 值与管径的对照见表 4-5。

表 4-5　l 值与管径对照表　　　单位：mm

管径	15～20	25～32	40～50	65～100
l	150	250	300	500

不同规格的成排管，固定间距应按小口径管距规定安装。金属软管固定间距不应大于 1m。硬塑料管中间管卡的最大距离见表 4-6。

表 4-6　硬塑料管中间管卡最大距离

硬塑料管内径/mm	20 以下	25～40	50 以上
最大允许距离/m	1.0	1.5	2.0

注：敷设方式为吊架、支架或沿墙敷设。

（2）暗配管固定。电线管暗敷在钢筋混凝土内，应沿钢筋敷设，并用电焊或铅丝与钢筋固定，间距不大于 2m；敷设在钢筋网上的波纹管，宜绑扎在钢筋的下侧，固定间距不大于0.5m；在砖墙内剔槽敷设的硬、半硬塑料管，须用不小于M10 水泥砂浆抹面保护，其厚度不小于 15mm。在吊顶内，电线管不宜固定在轻钢龙骨上，而应用膨胀螺栓或粘接法固定。

2. 接线盒（箱）安装

（1）各种接线盒（箱）的安装位置，应根据设计要求，并结合建筑结构来确定。

（2）接线盒（箱）的标高应符合设计要求，一般采用联通管测量、定位。通常，暗配管开关箱标高一般为 1.3m（或按设计标高），离门框边为 150～200mm；暗插座箱离地一般不低于 300mm，特殊场所一般不低于 150mm；相邻开关箱、插座箱、盒高低差不大于 0.5mm；同一室内开关、插座箱高低差不大于 5mm。

（3）对半硬塑料管，当管路用直线段长度超过 15m 或直角弯超过 3 个时，也应中间加装接线盒。

（4）明配管不准使用八角接线盒与镀锌接线盒，而应采用圆形接线盒。在盒、箱上开孔，应采用机械方法，不准用气焊、电焊开孔，暗敷箱、盒一般先用水泥固定，并应采取有效防堵措施，防止水泥浆浸入。

（5）箱、盒内应清洁无杂物，用单只盒、箱并列安装时，盒、箱间拼装尺寸应一致，盒、箱间用短管及锁紧螺母连接。

3. 管内配线

（1）穿在管内绝缘导线上的额定电压不应低于 500V。按标准，黄、绿、红色分别为 A、B、C 三相色标，黑色线为零线，黄绿色相间混合线为接地线。

（2）管内导线总截面面积（包括外护层）不应超过管截面面积的 40%。

（3）同一交流回路的导线必须穿在同一根管内。电压为 65V 及以下的回路，同一设备或生产上相互关联设备所使用的导线，同类照明回路的导线（但导线总数不应超过 8 根），各种电机、电器及用电设备的信号、控制回路的导线都可穿在同一根配管中。穿管前，应将管中积水及杂物清除干净。

（4）管内导线不得有接头和扭结，在导线出管口处，应加装护圈。为了便于导线的检查与更换，配线所用的铜芯软线最小线芯截面面积不小于 $1mm^2$，铜芯绝缘线最小线芯截面面积不小于 $7mm^2$，铝芯绝缘线最小线芯截面面积不小于 $2.5mm^2$。

（5）敷设在垂直管路中的导线当导线截面面积分别为 $50mm^2$（及其以下）、$70 \sim 95mm^2$、$120 \sim 240mm^2$，横向长度分别超过 30m、20m、18m 时，应在管口处或接线盒中加以固定。

4. 管路接地

在 TN-S、TN-C-S 系统中，由于有专用的保护线（PE 线），可以不必利用金属电线管做保护接地或接零的导体，因而金属管和塑料管可以混用。当金属管、金属盒（箱）、塑料管、塑料盒（箱）混合使用时，非带电的金属管和金属盒（箱）必须与保护线（PE 线）有可靠的电气连接。

对于套丝连接的薄、厚壁管，在管接头两端应跨接接地线。

★关键词 59　通电试验

1. 检查内容

（1）工程施工与设计是否相符，包括电气设备规格及安装是否满足设计要求。

（2）对需要控制的相隔距离，如配线与各种管路、建筑物等设施的距离是否符合标准。

（3）安装线路的支持物和穿墙瓷管是否牢固可靠，配线与线路设备的接头是否接触良好。

（4）线路中的回路是否正确，相线与中性线是否搞错，应接地的是否漏接。

2. 导线通电试验

导线通电试验主要是为了检查导线是否有折断、接触不良以及误接等现象。试验时，可用万用表先将导线的一端全部短接，然后在导线的另一端，用万用表的欧姆挡每两个端头测试一次，看是否正确。

3. 绝缘电阻的测量

测量设备一般选用500～1000V级绝缘电阻表，对36V以下设备应选用500V级绝缘电阻表。实际测量绝缘电阻时应注意以下几点。

（1）选用绝缘电阻表注意电压等级。测500V以下的低压设备绝缘电阻时，应选用500V的绝缘电阻表；500～1000V的设备用1000V绝缘电阻表；1000V以上的设备用2500V绝缘电阻表。

（2）使用绝缘电阻表时应水平放置。在接线前先摇动手柄，指针应在"∞"处，再把"L"、"E"两接线柱瞬时短接，再摇动手柄，指针应指在"0"处。

（3）测量时，先切断电源，把被测设备清扫干净，并进行充分放电。放电方法是将设备的接线端子用绝缘线与大地接触（电荷多的如电力电容器则须先经电阻与大地接触，而后再直接与大地接触）。

（4）使用绝缘电阻表时，摇动手柄应由慢渐快，读取额定

转速下 1min 指示值。接线柱上电压很高，勿用手触摸。当指针归零时，不要再继续摇动手柄，以防表内线圈烧坏。

4. 检查相位与耐压试验

（1）检查相位。线路敷设完工后，始端与末端相位应一致，测法参考电缆相位检查部分。

（2）耐压试验。重要场所对主动力装置应做交流耐压试验，试验电压标准为 1000V。当回路绝缘电阻值在 10MΩ 以上时，可用 2500V 级绝缘电阻表代替，时间为 1min。

第 2 节　钢管敷设施工技术

★关键词 60　加工钢管

1. 钢管的切断

小批量的钢管一般用钢锯切断，将需要切断的管子放在压力钳的钳口内卡牢，注意切口位置与钳口距离应适中，不能过长或过短，操作应准确。在锯管时锯条要与管子保持垂直，人要站稳，扶正锯架，使锯条保持平直，手腕不能抖动，当管子要断开时，速度要减缓，平稳锯断。也可采用管子切割机割断，但使用割管器切割后，管口易产生内缩，需要用铰刀或锉刀刮光。

当管子批量较大时，可使用无齿锯的型钢切割机。利用纤维增强砂轮片切割，操作时用力要均匀、平稳，不能过猛，以免过载或砂轮崩裂。另外，钢管严禁用电气焊切割。切断后，断口处应与管轴线垂直，管口应锉平、刮光，使管口整齐光滑。当出现马蹄口时，应重新切断。钢管不得有折扁和裂缝，管内应无铁屑和毛刺。

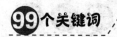

2. 管子套丝

为使钢管互相连接或管子与器具或盒（箱）连接时，均需在管子端部套螺纹。管端套螺纹长度不应小于管接头长度的1/2。

套丝时，先将管子固定在压力钳上，锚紧后根据管子的外径选用相应的板牙，将铰板轻轻套在管端。调整铰板的3个支承脚，使其贴紧管子，这样套丝时不会出现斜丝。调整好搅拌后，手握铰板，平稳向里推，带上2～3扣后，再站在侧面按顺时针方向转动套丝板，速度要放慢，用力咬均匀，以免发生偏丝、啃丝的现象，螺纹即将套成时，轻轻松开扳机，开机通板。套丝量大时可采用套丝机。

管径小于DN20的管子应分两板套成，管径大于DN25的管子应分三板套成。

套完螺纹后，应随即清理管口，将管子端面毛刺处理光，使管口保持光滑。

3. 钢管弯曲

钢管的弯曲应将配管本身进行搋制，严禁在管路弯曲处采用冲压弯头连接管路和用气焊加热带折弯管，以免穿线时卡线或损坏绝缘层。

（1）弯曲要求。

钢管弯曲处不应出现凹凸和裂缝现象，弯扁程度不应大于管外径的10％，弯曲角度一般不宜小于90°，如图4-1所示。

被弯钢管的弯曲半径 R 应符合表4-7的规定。整排管子在转弯处应弯成同心圆。

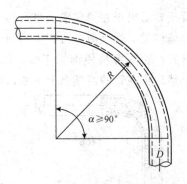

图 4-1 钢管弯曲半径和弯曲角度的要求

表 4-7 钢管允许弯曲半径 R

条件	弯曲半径与钢管外径之比
明敷设时	6
暗敷设时	6
明敷设只有一个弯时	4
埋设于地下或混凝土楼板内时	10

（2）弯管方法。

钢管弯制常用的方法主要有以下几种。

① 弯管器弯管。在弯制管径为 50mm 及以下的钢管时，可采用弯管器弯管。制作时，先将管子弯曲部位的前段送入弯管器内，管子焊缝放在弯曲方向的侧面，然后固定好管子，手慢慢扳动弯管器柄，适当加力，使管子略有弯曲，再逐点移动弯管器，使管子弯成所需的弯曲半径。

在弯管过程中，应注意弯曲方向与管子焊缝之间的关系，一般宜放在管子弯曲方向的正、侧面交角处的 45°线上，应避免在管缝处产生裂纹现象。钢管弯曲时，如焊缝在弯曲方向的

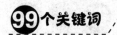

内侧或外侧，管子容易出现裂缝现象。当有两个以上弯时，更要注意管子的焊缝位置。管壁薄、直径大的钢管弯曲时，管内要灌满砂且应灌实，否则容易使钢管弯瘪。如果用加热弯曲，要灌用干燥砂，然后再在管的两端塞上木塞，如图 4-2 所示。

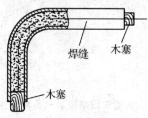

焊缝　木塞

木塞

图 4-2　钢管直径大、管壁薄灌砂弯曲及弯曲与焊缝的配合

② 滑轮弯管器弯管。当钢管弯制的外观、形状要求较高，特别是弯制大量相同弯曲半径的钢管时，宜采用滑轮弯管器，把钢管固定在工作台上进行弯制。

③ 气焊加热弯制。厚壁管和管径较粗的钢管可用气焊加热进行弯制。但需注意掌握加热时的温度，钢管加热不足时，钢管不易弯动，过度加热或加热不均匀时，钢管容易弯瘪。此外，对预埋钢管露出建筑物以外的部分不直或位置不正时，也可以用气焊加热整形。

★关键词61　连接方式

1. 管与管的连接

钢管之间的连接有直接连接（分为螺纹连接和套管连接）和对口焊接两种方法。

（1）螺纹连接。采用螺纹连接时，管端螺纹长度不应小于管接头的 1/2，连接后螺纹宜外露 2～3 扣。如需退螺纹连接

的管线，其外露螺纹可相应增多，但也应在 5～6 扣。螺纹表面应光滑、无缺损，连接应紧密、不脱扣。

螺纹连接应使用全扣管接头，连接管端部套丝，两管拧进管接头长度不可小于管接头长度的 1/2，使两管端之间吻合。

（2）套管连接。套管连接宜用于暗配管，套管的内径应与连接管的外径相吻合，其配合间隙以 1～2mm 为宜，不得过大或过小，套管长度为连接管外径的 1.5～3 倍；连接管的对口处应在套管的中心，两根管的对口应吻合，不得有缝隙，焊口应牢固、严密。当没有合适的管径做套管时，也可将较大管径的套管逐个冲开一条缝隙，将套管缝隙处用手锤击打使缝贴紧做套管。施工中严禁不同管径的管直接套接连接。

（3）对口焊接。当暗配钢管管径在 $\phi80$ 及其以上时，使用套管连接较困难时，也可将两连接管端打喇叭口再进行管与管之间对口焊的进行焊接连接。

钢管在采取打喇叭口对口焊时，在焊接前应除去管口毛刺，用气焊加热连接管端部，边加热边用手锤沿管内周边，逐点均匀向外敲打出喇叭口，再把两管喇叭口对齐，两连接管应在同一条管子轴线上，周围焊严密，应保证对口处管内光滑、无焊渣。

2. 管与盒（箱）的连接

钢管与盒（箱）的连接有焊接连接和用护口固定两种。

（1）焊接连接。当钢管与盒（箱）采用焊接连接时，管口宜高出盒（箱）内壁 3～5mm，且焊后应补涂防腐漆。

管与盒在焊接连接时，应一管一孔顺直插入与管相吻合的敲落（或连接）孔内，伸进长度宜为 3～5mm。在管与盒的外壁相连处焊接，焊接长度不宜小于管外周长的 1/3，且不应烧穿盒壁。

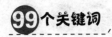

钢管与箱连接时，不宜把管与箱体焊在一起，应采用圆钢作为跨接接地线。在适当位置，应对入箱管作横向焊接。焊接应保证在箱体放置后管口能高出箱壁3～5mm。当有多根管入箱时长度应保持一致、管口平齐。待安装箱体以后再把连接钢管的圆钢与箱体外侧的棱边进行焊接。

（2）护口固定。明配钢管或暗配镀锌钢管与盒（箱）连接应采用锁紧螺母或护圈帽固定，用锁紧螺母固定的管端螺纹宜外露锁紧螺母2～3扣。

钢管与接线盒、开关盒的连接，可采用螺母连接或焊接。采用螺母连接的管子连接前必须作套丝处理，将套好丝的管端拧上锁紧螺母，然后将盒上的敲落孔打掉，将管子穿入孔内，再用手旋上盒内螺母，最后用扳手把盒外锁紧螺母旋紧，如图4-3所示。应避免左侧管线已带上锁紧螺母，而右侧管线未拧锁紧螺母。

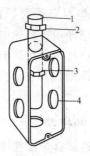

图4-3　钢管与开关盒连接
1—钢管；2—锁紧螺母；3—管螺母；4—T₁₁开关盒

钢管与盒（箱）连接时，钢管管口使用金属护圈帽保护导线时，应将套丝后的管端先拧上锁紧螺母（根母），顺直插入盒与管外径相一致的敲落孔内，露出2～3扣的管口螺纹，再

拧上金属护圈帽，把管与盒连接牢固。

当有多根入箱管时，为使入箱管长度一致，可在箱内使用木制平托板，在箱体的适当位置上用方木或普通砖顶住平托板。在入箱管管口处先拧好一个锁紧螺母，留出适当长度的管口螺纹，插入箱体敲落（连接）孔内顶在平托板上，待墙体工程施工后拆去箱内托板，在管口处拧上锁紧螺母和护圈帽，如图 4-4 所示。

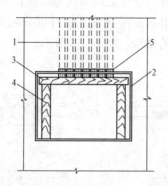

图 4-4　使用平托板固定入箱管

1—钢管；2—配电箱箱体；3—托板；4—方木；5—锁紧螺母

3. 钢管与设备连接

（1）钢管与设备连接时，钢管管口与地面的距离宜大于 200mm。

（2）钢管与设备直接连接时，应将钢管敷设到设备的接线盒内。

（3）当钢管与设备间接连接时，对室内干燥场所，钢管端部宜增设电线保护软管或可挠金属电线保护管后引入到设备的接线盒内，且钢管管口应包扎紧密；对室外或室内潮湿场所，钢管端部应增设防水弯头，导线应加套保护软管，经弯成滴水弧状后，再引入到设备的接线盒。

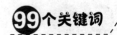

4. 钢管的接地连接

钢管接地连接时，应符合下列相关规定。

（1）当镀锌钢管之间采用螺纹连接时，连接处的两端应采用专用接地卡固定。通常，以黄绿色相间的铜芯软导线为专用的接地卡跨接的跨接线截面面积不小于 $4mm^2$。对于镀锌钢管和壁厚 2mm 及以下的薄壁钢管，不得采用熔焊跨接接地线。

（2）当非镀锌钢导管之间采用螺纹连接时，连接处的两端可采用专用接地卡固定跨接线，也可以采用焊接跨接接地线。焊接跨接接地线的做法，如图 4-5 所示。

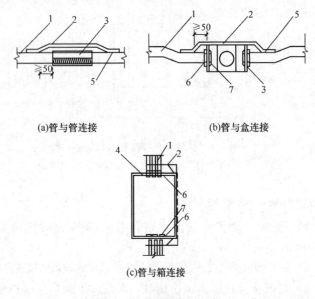

图 4-5　焊接跨接接地线做法

1—非镀锌钢导管；2—圆钢跨接接地线；3—器具盒；
4—配电箱；5—电气焊处；6—根母；7—护口

（3）跨接接地线直径应根据钢导管的管径来选择，如表 4-8 所示。管接头两端跨接接地线焊接长度，不小于跨接接地线直径的 6 倍，跨接接地线在连接管焊接处距管接头两端不宜小于 50mm。

表 4-8　跨接接地线直径选择表　　　　单位：mm

公称直径	跨接地线		
电线管	厚壁钢管	圆钢	扁钢
≤32	≤25	$\phi6$	—
38	≤32	$\phi8$	—
51	40～50	$\phi10$	—
64～76	≤65～80	$\phi10$ 以上	25×4

（4）对于套接压扣式或紧定式薄壁钢管及其金属附件组成的导管管路，当管与管、管与盒（箱）连接符合规定时，连接处可不设置跨接接地线，管路外壳应有可靠接地；导管管路不应作为电气设备接地线使用。

★关键词 62　明敷设

1. 施工步骤

钢管明敷设时，其施工步骤：确定电器设备的安装位置→画出管路中心线和管路交叉位置→埋设木砖→量管线长度→把钢管按建筑结构形状弯曲→根据测得管线长度锯切钢管（先弯管再锯管更容易对尺寸的掌握）→铰制管端螺纹→将管子、接线盒、开关盒等装配连接成一整体进行安装→做接地处理。

2. 安装间距设定

明管用吊装、支架敷设或沿墙安装时，固定点的距离应均

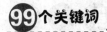
匀，管卡与终端、转弯中点、电气器具或接线盒边缘的距离为150～500mm。中间固定点间的最大允许距离应符合表4-9的规定。

表4-9　钢管固定点之间最大允许距离

敷设方式	钢管名称	钢管直径/mm			
		15～20	25～30	40～50	65～100
		最大允许距离/m			
吊架、支架或沿墙敷设	厚壁钢管	1.5	2.0	2.5	3.5
	薄壁钢管	1.0	1.5	2.0	—

3. 钢管敷设施工

（1）明管沿墙拐弯做法如图 4-6 所示。

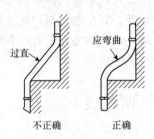

图 4-6　明管沿墙拐弯

（2）钢管引入接线盒等设备如图 4-7 所示。

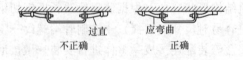

图 4-7　钢管引入接线盒做法

（3）电线管在拐角时要用拐角盒，其做法如图 4-8 所示。

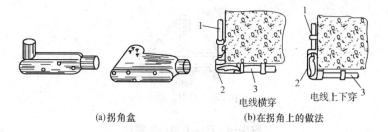

(a)拐角盒　　　　　　　　　(b)在拐角上的做法

电线横穿　　　　　　　　　电线上下穿

图 4-8　电线管在拐角处做法

1—管箍；2—拐角盒；3—钢管

（4）钢管沿屋面梁底面及侧面敷设方法如图 4-9（a）所示。钢管沿屋架底面及侧面的敷设方法如图 4-9（b）所示。

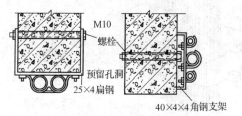

M10
螺栓
预留孔洞
25×4扁钢
40×4×4角钢支架

(a)钢管沿屋面梁底面及侧面敷设

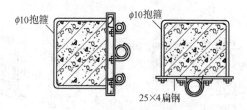

φ10抱箍　　　　　　　φ10抱箍

25×4扁钢

(b)钢管沿屋架底面及侧面敷设

图 4-9　钢管沿屋顶下弦底面及侧面敷设方法图

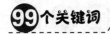

（5）钢管沿钢屋架敷设如图 4-10 所示。

图 4-10 钢管沿钢屋架敷设

（6）钢管采用管卡槽的敷设。管卡槽及管卡由钢板或硬质尼龙塑料制成，做法如图 4-11 所示。

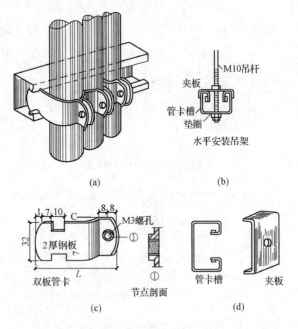

图 4-11 钢管在卡槽上安装

（7）钢管通过建筑物的伸缩缝（沉降缝）时的做法如图 4-12 所示。拉线箱的长度一般为管径的 8 倍。当管子数量较多时，拉线箱高度应加大。

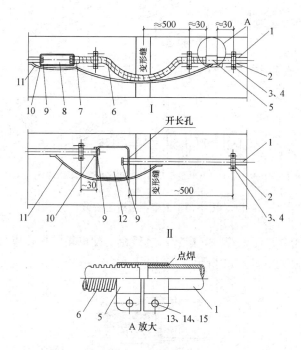

图 4-12　钢管通过建筑物伸缩缝做法

1—钢管或电线管；2—管卡子；3—木螺钉；4—塑料胀管；5—过渡接头；

6—金属软管；7—金属软管接头；8—拉线箱；9—护口；10—锁紧螺母；

11—跨接线；12—拉线箱；13—半圆头螺钉；14—螺母；15—垫圈

（8）钢管在龙骨上安装如图 4-13 所示。

（9）钢管进入灯头盒、开关盒、接线盒及配电箱时，露出锁紧螺母的螺纹为 2～4 扣。当在室外或潮湿房屋内，采用防

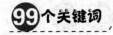

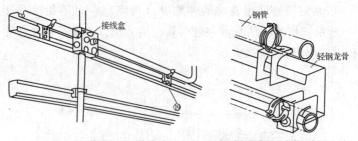

(a)钢管在轻钢龙骨上安装示意图（一） (b)钢管在轻钢龙骨上安装示意图（二）

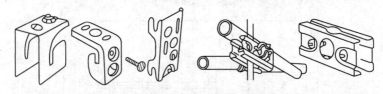

(c)钩形卡（一） (d)钩形卡（二） (e)钩形卡（三） (f)圆钢夹板管卡安装示意图 (g)圆钢夹板

图 4-13 钢管在龙骨上安装

潮接线盒、配电箱时，配管与接线盒、配电箱的连接应加橡胶垫，做法如图 4-14 所示。

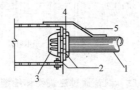

图 4-14 配管与防潮接线盒连接

1—钢管；2—锁紧螺母；3—管螺母；

4—橡胶垫；5—接地线

（10）钢管配线与设备连接时，应将钢管敷设到设备内，钢管露出地面的管口距地面高度应不小于 200mm。

★关键词 63　　暗敷设

1. 施工步骤

（1）确定设备（灯头盒、接线盒和配管引上引下）的位置。

（2）测量敷设线路长度。

（3）配管加工（弯曲、锯割、套螺纹）。

（4）将管与盒按已确定的安装位置连接起来。

（5）管口填上木塞或废纸，盒内填满废纸或木屑，防止进入水泥砂浆或杂物。

（6）检查是否有管、盒遗漏或设位错误。

（7）管、盒连成整体固定于模板上（最好在未绑扎钢筋前进行）。

（8）管与管和管与箱、盒连接处，焊上跨接地线，使金属外壳连成一体。

2. 在现浇混凝土楼板内敷设

（1）在浇灌混凝土前，先将管子用垫块（石块）垫高15mm 以上，使管子与混凝土模板间保持足够距离，再将管子用钢丝绑扎在钢筋上，或用钉子卡在模板上。如图 4-15 所示。

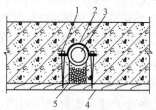

图 4-15　钢管在模板上固定

1—铁钉；2—钢丝；3—钢管；4—模板；5—垫块

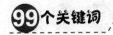

（2）灯头盒可用铁钉固定或用钢丝缠绕在铁钉上，如图4-16所示，其安装方法如图4-17所示。

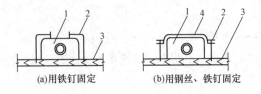

(a)用铁钉固定　　　　(b)用钢丝、铁钉固定

图4-16　灯头盒在模板上固定

1—灯头盒；2—铁钉；3—模板；4—钢丝

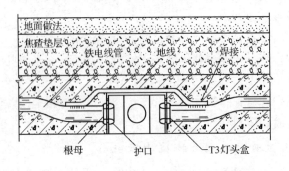

图4-17　灯头盒在现浇混凝土楼板内安装

（3）接线盒可用钢丝或螺钉固定，方法如图4-18所示。待混凝土凝固后，必须将钢丝或螺钉切断除掉，以免影响接线。

（4）钢管敷设在楼板内时，管外径与楼板厚度应配合。当楼板厚度为80mm时，管外径不应超过40mm；厚度为120mm时，管外径不应超过50mm。若管径超过上述尺寸，则钢管改为明敷或将管子埋在楼板的垫层内，此时，灯头盒位置需在浇灌混凝土前预埋木砖，待混凝土凝固后再取出木砖进行配管，如图4-19所示。

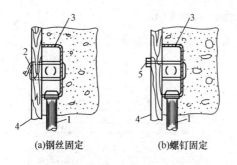

(a)钢丝固定　　　　　　　(b)螺钉固定

图 4-18　接线盒在模板上固定

1—钢管；2—钢丝；3—接线盒；4—模板；5—螺钉

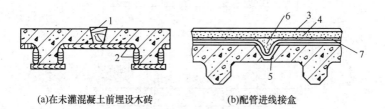

(a)在未灌混凝土前埋设木砖　　　　　(b)配管进线接盒

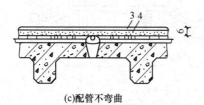

(c)配管不弯曲

图 4-19　钢管在楼板垫层内敷设

1—木砖；2—模板；3—底面；4—焦碴垫层；

5—接线盒；6—水泥砂浆保护；7—钢管

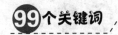

3. 在预制板中敷设

暗管在预制板中的敷设方法同"暗管在现浇混凝土楼板内的敷设",但灯头盒的安装需在楼板上定位凿孔,做法如图 4-20 所示。

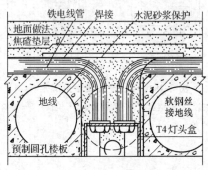

(a)钢管在空心楼板上敷设

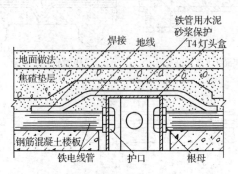

(b)钢管在槽形楼板上敷设

图 4-20 暗管在预制板中的敷设

4. 通过建筑物伸缩缝敷设

钢管暗敷时,常会遇到建筑物伸缩缝,其通常的做法是在

伸缩缝（沉降缝）处设置接线箱，且钢管必须断开，如图 4-21 所示。

钢管暗敷时，在建筑物伸缩缝处设置的接线箱主要有两种，即一式接线箱［图 4-22（a）］和二式接线箱［图 4-22（b）］，其规格见表 4-10。

表 4-10　钢管与接线箱配用规格尺寸　单位：mm

每侧入箱电线管规格和数量		接线箱规格			箱厚	固定盖板螺丝规格数量
		H	b	h	h_1	
一式接线箱	40 以下二支	150	250	180	1.5	M5×4
	40 以上二支	200	300	180	1.5	M5×6
二式接线箱	40 以下二支	150	200	同墙厚	1.5	M5×4
	40 以上二支	200	300	同墙厚	1.5	M5×6

5. 钢管埋地敷设

钢管埋地敷设时，钢管的管径应不小于 20mm，且不宜穿过设备基础；如必须穿过，且设备基础面积较大时，钢管管径应不小于 25mm。在穿过建筑物基础时，应再加保护管保护。

★关键词64　穿导线

1. 引线钢丝的穿入

穿线工作一般是在土建粉刷工程结束后进行。引线一般采用 $\phi1.2\sim\phi1.6$mm 钢丝，头部弯成如图 4-23 所示形状，以防止在管内遇到管接头时被卡住。如管路较长或弯曲较多时，可在敷设钢管时，将引线钢丝穿好，以免穿引困难。

当管内有异物或钢管较长、多弯时，不易将引线穿过，可

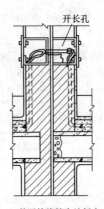

(a)普通接线箱在地板上
部过伸缩缝时的做法

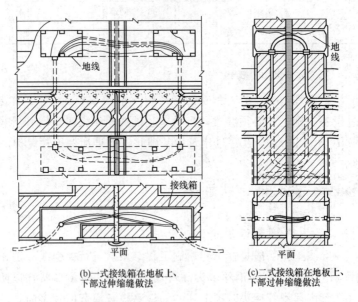

(b)一式接线箱在地板上、
下部过伸缩缝做法

(c)二式接线箱在地板上、
下部过伸缩缝做法

图4-21　暗管通过建筑物伸缩缝做法

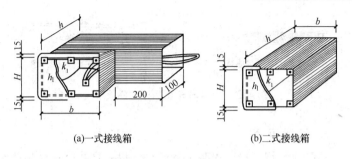

(a)一式接线箱　　　　　　　　(b)二式接线箱

图 4-22　接线箱做法

图 4-23　引线钢丝端头

采用两端同时穿入引线的办法。将两根引线钢丝的头部弯成图 4-24 所示的形状，其中 D 值为钢管内径的 $1/2 \sim 3/4$，使两根引线钢丝互相钩住，穿线时先将钢丝从钢管的两端穿入。

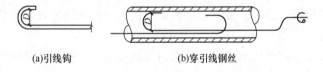

(a)引线钩　　　　　　　　(b)穿引线钢丝

图 4-24　两端穿引线

2. 导线放线

引线钢丝穿通后，引线一端应与所穿的导线结牢，如图 4-25 （a）所示。如所穿导线根数较多且较粗时，可将导线分段结扎，如图 4-25 （b）所示。外面再稀疏地包上包布，分段数可根据具体情况确定。对整盘绝缘导线，必须从内圈抽出线头进行放线。

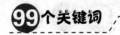 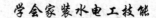

(a)引线与导线结扎　　　　　　　(b)多根导线分段结扎

图 4-25　引线与导线及导线分段结扎

3. 导线穿入

穿线前，钢管口应先装上管螺母，以免穿线时损伤导线绝缘层。穿线时，需两人各在管口一端，一人慢慢抽拉引线钢丝，另一人将导线慢慢送入管内。如钢管较长，弯曲较多穿线困难时，可用滑石粉润滑。但不可使用油脂或石墨粉等作润滑物，因前者会损坏导线的绝缘层（特别是橡胶绝缘），后者是导电粉末，易于黏附在导线表面，一旦导线绝缘略有微小缝隙，便会渗入线芯，造成短路事故。

4. 剪断导线

导线穿好后，剪除多余的导线，但要留出适当余量，便于以后接线。预留长度为：接线盒内以绕盒内一周为宜；开关板内以绕板内半周为宜。

由于钢管内所穿导线的作用不同，为了在接线时能方便地分辨各种作用，可在导线的端头绝缘层上做记号。如管内穿有 4 根同规格同颜色导线，可把 3 根导线用电工刀分别划出一道、两道、三道痕迹，另一根则不划，以免接线错误。

5. 垂直钢管内导线的支持

在垂直钢管中，为减少管内导线本身质量所产生的下垂力，保证导线不因自重而折断，导线应在接线盒内固定，如图 4-26 所示。接线盒距离，按导线截面不同的规定见表 4-11。

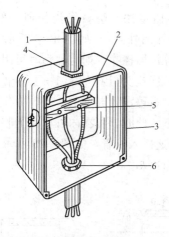

图 4-26　垂直钢管内导线的支持

1—钢管；2—线夹；3—接线盒；4—锁紧螺母；5—M6 螺栓；6—护口

表 4-11　钢管垂直敷设接线盒间距

导线截面/mm²	≤50	70～95	120～240
接线盒间距/mm	30	20	18

第 3 节　塑料管敷设施工技术

★关键词 65　敷设硬质塑料管

1. 管与管的连接

（1）插接法。对于不同管径的塑料管，其采用的插接方法也不相同：对于 φ50 及以下的硬塑料管多采用加热直接插接法；而对于 φ65 及以上的硬塑料管常采用模具胀管插接法。

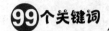

① 加热直接插接法。塑料管连接时，应先将管口倒角（外管倒内角，内管倒外角），如图 4-27 所示。然后将内、外管插接段的尘埃等污垢擦净，如有油污时可用二氯乙烯、苯等溶剂擦净。插接长度应为管径的 1.1～1.8 倍，可用喷灯、电炉、碳化炉加热，也可浸入温度为 130℃左右的热甘油或石蜡中加热至软化状态。此时，可在内管段涂上胶合剂（如聚乙烯胶合剂），然后迅速插入外管，如图 4-28 所示，待内外管线一致时，立即用湿布冷却。

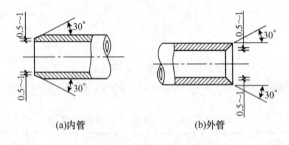

(a)内管　　　　　　　　　(b)外管

图 4-27　管口倒角（塑料管）

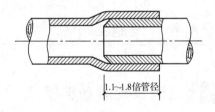

1.1～1.8倍管径

图 4-28　塑料管插接

② 模具胀管插接法。与上述方法相似，也是先将管口倒角，再清除插接段的污垢，然后加热外管插接段。待塑料管软化后，将已被加热的金属模具插入（图 4-29），冷却（可用水

冷）至50℃后脱模。模具外径应比硬管外径大2.5%左右；当无金属模具时，可用木模代替。

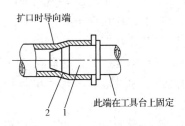

图4-29　模具胀管

1—成型模；2—硬聚氯乙烯管

（2）套管连接法。采用套管连接时，可用比连接管管径大一号的塑料管做套管，长度宜为连接管外径的1.5～3倍（管径为50mm及以下者取上限值；50mm以上者取下限值）。将需套接的两根塑料管端头倒角，并涂上胶黏剂，再将被连接的两根塑料管插入套管，并使连接管的对口处于套管中心，且紧密牢固。套管加热温度宜取130℃左右。塑料管套管连接如图4-30所示。

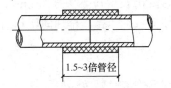

图4-30　塑料管套管连接

在暗配管施工中常采用不涂胶合剂直接套接的方法，但套管的长度不宜小于连接管外径的4倍，且套管的内径与连接管的外径应紧密配合才能连接牢固。

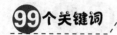

2. 管与盒（箱）的连接

硬质塑料管与盒连接，有时需要预先进行连接，有的则需要在施工现场配合施工过程在管子敷设时进行连接。

（1）硬塑料管与盒连接时，一般把管弯成 90°曲弯，在盒的后面与盒子的敲落孔连接，尤其是埋在墙内的开关、插座盒可以方便瓦工的砌筑。如果煨成 S 弯，在盒上方与盒的敲落孔连接，预埋砌筑时立管不易固定。

（2）硬质塑料管与盒的连接，可以采用成品管盒连接件，如图 4-31 所示。连接时，塑料管插入深度宜为管外径的 1.1～1.8 倍，应在连接结合处涂抹专用胶合剂。

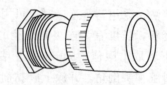

图 4-31　管盒连接件

（3）连接管的外径应符合盒面的敲落孔大小，管口应平整、光滑，在盒内露出长度应不大于 5mm。当多根管进入箱时应长度一致，保证一管一孔，排列间距均匀。

（4）管与盒连接应平稳牢固，各种盒的敲落孔不被利用的不应被破坏。

（5）管与盒直接连接时要掌握好入盒长度，不应在预埋时使管口脱出盒子，也不应使管插入盒内过长，更不应后打断管头，致使管口出现锯齿或断在盒外出现负值。

3. 塑料管的敷设

敷设塑料管时，应在原材料规定的允许环境温度下进行，一般温度不宜低于−15℃，以防止塑料管强度减弱、脆性增大而造成断裂。硬塑料管与钢管的敷设方法基本相同，可予参照。

塑料管的敷设应符合下列规定。

（1）固定间距。明配硬塑料管应排列整齐，固定点的距离应均匀；管卡与终端、转弯中点、电气器具或接线盒边缘的距离为 150～500mm。

（2）易受机械损伤的地方。明管在穿过楼板易受机械损伤的地方应用钢管保护，其保护高度距楼板面不应低于 500mm。

（3）与蒸汽管距离。硬塑料管与蒸汽管平行敷设时，管间净距不应小于 500mm。

（4）热膨胀系数。硬塑料管的热膨胀系数 ［0.08mm·(m·℃)$^{-1}$］ 要比钢管大 5～7 倍，如 30m 长的塑料管，温度升高 40℃，则长度增加 96mm。因此，塑料管沿建筑物表面敷设时，直线部分每隔 30m 要装设补偿装置（在支架上架空敷设除外），如图 4-32 所示。

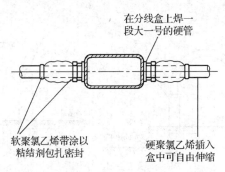

在分线盒上焊一段大一号的硬管

软聚氯乙烯带涂以粘结剂包扎密封

硬聚氯乙烯插入盒中可自由伸缩

图 4-32　塑料管补偿装置

（5）配线。塑料管配线，必须采用塑料制品的配件，禁止使用金属盒。塑料线入盒时，可不装锁紧螺母和管螺母，但暗配时须用水泥注牢。在轻质壁板上采用塑料管配线时，管入盒

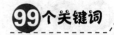

处应采用胀扎管头绑扎，如图 4-33 所示。

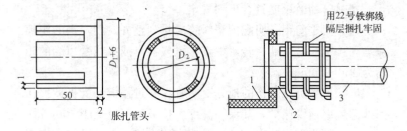

图 4-33　胀扎管头绑扎

1—塑料接线盒；2—胀扎管头；3—聚氯乙烯管

（6）使用保护管。硬塑料管埋地敷设（在受力较大处，宜采用重型管）引向设备时，露出地面 200mm 段，应用钢管或高强度塑料管保护。保护管埋地深度不少于 50mm，如图 4-34 所示。

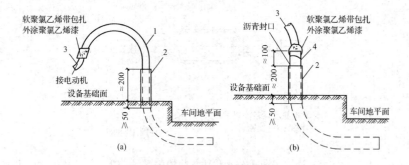

图 4-34　硬塑料管暗敷引至设备做法

1—聚氯乙烯塑料管（直径 15～40mm）；2—保护钢管；

3—软聚氯乙烯管；4—硬聚氯乙烯管（直径 50～80mm）

★关键词 66　敷设半硬塑料管

1. 管与管的连接

(1) 平滑塑料管的连接。

对于平滑半硬塑料管，多采用套管连接，应使用大一号管径的管子且长度不应小于连接管外径的 2 倍做套管，也可采用专用管接头。两连接管端部应涂好胶黏剂，将连接管插入套管内粘接牢固，不使连接处脱落，连接管对口处应在套管中心，如图 4-35 所示。

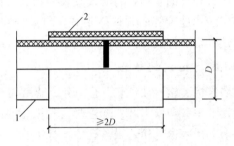

图 4-35　平滑半硬塑料管连接

1—平滑半硬塑料管；2—塑料管接头

(2) 波纹管的连接。

波纹管由于成品管较长（$\phi20$ 以下为每盘 100m），在敷设过程中，一般很少需要进行管与管的连接，如果需要进行连接时，可以按下列方法进行。

① 套管连接。波纹管采用套管连接即采用成品管接头，把连接管从管接头两端分别插入管接头中心处，既牢固又可靠，如图 4-36 所示。

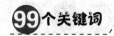

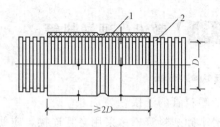

图 4-36　塑料波纹管连接

1—塑料管接头；2—聚氯乙烯波纹管

②绑接连接。用大一号管径的波纹管做套管，套管长度不宜小于连接管外径的 4 倍，将套管顺长向切开，把连接管插入套管内。应注意连接管的管口应平齐，对口处在套管中心，在套管外用铁（铝）绑线斜向绑扎牢固、严密。

2. 管与盒（箱）的连接

（1）终端连接。塑料波纹管与盒（箱）做终端连接时，应使用专用的管卡头和塑料卡环。配管时，先把管端部插入管卡头上，将管卡头插入盒（箱）敲落孔中，拧牢管卡头螺母将管与盒（箱）固定牢固。

平滑塑料管与盒（箱）做终端连接时，可以用砂浆直接加以固定。也可以使用胀扎管头和盒接头或塑料束接头固定。

（2）中间串接。半硬塑料管与盒做中间串接时，不必切断管子，可将管子直接穿过盒内，待穿线前扫管时将管子切断。

3. 塑料管的敷设

（1）敷设要求。

半硬塑料管路的敷设，应符合下列要求。

①根据设计图，按管路走向进行敷设，注意敷设路径按照最近的路线敷设，并尽可能地减少弯曲。

② 管子的弯曲不应大于 90°，弯曲半径不应小于管外径的 6 倍，弯曲处不应有褶皱、凹陷和裂缝，弯扁度不应大于管外径的 0.1 倍。

③ 管路不得有外露现象，埋入墙或混凝土内管子外壁与墙面的净距不应小于 15mm。

④ 敷设半硬塑料管宜减少弯曲，当线路直线段的长度超过 15m 或直角弯超过 3 个时，均应装设接线盒。

⑤ 半硬塑料管敷设于现场捣制的混凝土结构中，应有预防机械损伤的措施。否则，易将管子戳穿，使水泥浆进入管内，干涸后将管内堵塞而不能穿入导线。

⑥ 管路经过建筑物变形缝处时，应设置补偿装置。

⑦ 管入盒、箱处的管口应平齐，管口露出盒、箱应小于 5mm，并应一管一孔，孔径应与管外径相匹配。

（2）在砌体墙内配管。

在砖混结构砌体墙内，半硬塑料管的敷设方法与楼（屋）面板内管子敷设方法有关。

楼（屋）面板为现浇混凝土板，在墙体内的半硬塑料管配管时，可以将敷设在墙内的管子，按敷设至另一墙体或楼（屋）面板上灯位的最近长度留足后切断，待楼（屋）面板施工后直接把余下的管子敷设至楼（屋）面板上的灯位盒内。

楼（屋）面板为预制空心板时，如沿板缝暗配管，则墙体内的管路要与灯位盒相连，垂直配管还须对准板缝，以防楼板安装时把管子压在楼板下面。

如在板孔配管或板孔穿线时，其施工方法如下。

① 半硬塑料管在墙体内敷设，在敷设到墙（或圈梁）顶部以下的适当位置上设置接线盒（或称断接盒、过路盒），盒上方至墙体（或圈梁）平口处可在其表面上留槽，用接线盒连

接墙体与楼（屋）面板上的管子。

②半硬塑料管在墙体内敷设至墙（或圈梁）的顶部时，在墙内管子上预先连接好连接套管，套管上口与墙（或圈梁）齐平，待楼（屋）面板施工时连接管路。

③在墙体内敷设半硬塑料管时，管子按进入板孔内灯位处的长度切断，待墙体砌筑后，楼（屋）面板安装时，把管子穿入板孔内。

在墙体砌筑中，半硬塑料管垂直配管应将管子与盒上方或下方敲落孔连接好；水平敷设时管应与盒侧面敲落孔连接，把管路预埋在墙体中间，与墙表面净距应不小于 15mm。

（3）在现浇混凝土工程中配管。

在现浇混凝土工程中的梁、柱、墙及楼（屋）面板内敷设半硬塑料管，应敷设平滑半硬塑料管，塑料波纹管不宜使用到现浇混凝土内。

①半硬塑料管穿过梁、柱时，敷设方法同硬质塑料管相同，半硬塑料管应穿在钢保护管内敷设。

②半硬塑料管在梁、柱、墙内敷设，水平与垂直方向应采取不同的方法。

垂直方向敷设时，在墙内管路应放在钢管网片的侧面，在柱内顺主筋靠屋内侧；在墙内水平方向敷设时，管路应顺列在钢筋网片的一侧，在梁内，应顺上方主筋靠下侧的管路。

③半硬塑料管在现浇混凝土楼（屋）面板上敷设时，管路敷设在钢筋网中间，单层筋时，应在底筋上侧，应先把管子沿敷设的路径用混凝土加以保护。

④半硬塑料管在现浇混凝土工程中敷设，应用铁线与钢筋绑扎，绑扎间距不宜大于 30cm。在管进入盒（箱）处，绑扎点应适当缩短，防止管口脱出盒（箱）。

⑤ 半硬塑料管敷设时，由楼（屋）面板引至墙（梁）上，应使用定弯套加以固定，如图 4-37 所示。

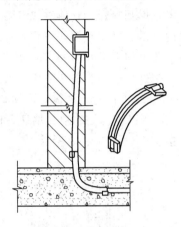

图 4-37　定弯套安装示意图

（4）轻质空心石膏板隔墙内配管。

隔墙上多设置有插座盘，适合难燃平滑塑料管的暗敷设。管子敷设时，其电源管多数由楼（地）面内引入隔墙，有时也由楼（屋）面引入隔墙。

① 在楼（地）面工程配管时，管子应敷设到隔墙的墙基内。在管口处应先连接好套管，再与空心石膏板隔墙内待敷设的管子进行连接。连接套管应尽量对准石膏板隔墙的板孔。

② 在空心石膏板上开孔时，可用单相手电钻。开孔时，应先在板孔处划出盒位的框线图，然后用手电钻在框线四角钻 $\phi12$ 的穿透孔，并用锯条穿过所钻的孔，沿划好的轮廓进行锯割，以便在墙上开个穿透的方洞。

洞口应按盒的尺寸两侧各放大 5mm，上下各放大 10mm，并在顺着盒位洞口垂直的上（或下）方石膏板底部（或顶部）

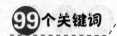

再开一孔口，准备连接敷设管子时使用。

③ 敷设隔墙内管子时，应在盒的开孔处向下穿入一根适当长度的半硬平滑难燃塑料管，其前端伸入墙基顶面预留套管内与楼（地）面内管子连接，末端留在插座盒内。如电源管由上引来，管应由盒孔处向上穿并与上方的套管进行连接。管子的连接管的管端接头处均应用胶黏剂粘接牢固。

④ 管子敷设后进行堵孔固定盒体，先从盒孔处往下 20～30mm 处塞一纸团，用已配制好的填料堵孔，使管上部及左右填料至与墙体粘接牢固，如图 4-38 所示。

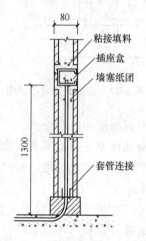

图 4-38 空心石膏板隔墙配管示意图

⑤ 如果轻质空心石膏板隔墙在同一墙体上设有多个插座时，盒体不应并列安装，中间应最少空 2～3 个墙孔，插座盒也不应装在墙板的拼合处。连接同一墙体上多个插座盒之间的链式配管，其水平部分应敷设在墙板的墙基内或在墙板底部锯槽，严禁在墙体中部水平开槽敷设管子。

（5）在预制空心楼板板孔内配管。

半硬塑料管在楼板板孔内配管（图 4-39）。在配管的同时，应进行与墙体内管子的连接。空心楼板板孔上灯位位置应在尽量接近屋中心的板孔中心处。

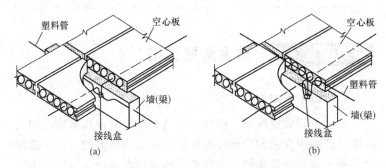

图 4-39　空心楼板板孔内配管示意图

① 墙体内有接线盒且在盒上方留槽时，应在楼板就位后，在配管前沿槽与楼板板孔相接触处，由下向上打板洞。打穿板孔后，把管子沿墙槽敷设至板孔中心的灯位处露出为止，另一端与盒敲落孔连接。

② 墙体（或圈梁）顶部有连接套管时，应在楼板就位后，在与套管相接近的板孔处，板端的上下侧打出豁口，将管子一端由上部豁口处穿至中心板孔的灯位孔处，管另一端插入到连接套管内并与墙体内管子相连接。

③ 在墙体内已预留好的管子，应在吊装楼板就位前，在楼板端部适当的板孔处先打好豁口，防止楼板就位时损伤出墙管，同时也方便管子向板孔内插入。当楼板基本就位后，直接由豁口处将管子向板孔内敷设，直到板孔中心露出灯位洞口处为止。

楼板板孔上打洞，洞口直径不宜大于 $\phi30$，且不宜打透眼，打洞时应不伤筋、不断肋。管子敷设完后，对墙槽内的管子应用 M10 水泥砂浆抹面保护，管保护层不应小于 15mm。

第4节　线槽布线施工技术

★关键词 67　　敷设金属线槽

1. 线槽的固定

（1）木砖固定线槽。配合土建结构施工时预埋木砖。加气砖墙或砖墙应在剔洞后再埋木砖，梯形木砖较大的一面应朝洞里，外表面与建筑物的表面对齐，然后用水泥沙浆抹平，待凝固后，再把线槽底板用木螺钉固定在木砖上。

（2）塑料胀管固定线槽。混凝土墙、砖墙可采用塑料胀管固定塑料线槽。根据胀管直径和长度选择钻头，在标出的固定点位置上钻孔，不应歪斜、豁口，应垂直钻好孔后，将孔内残存的杂物清理干净，用木锤把塑料胀管垂直敲入孔中，直至与建筑物表面平齐，再用石膏将缝隙填实抹平。

（3）伞形螺栓固定线槽。在石膏板墙或其他护板墙上，可用伞形螺栓固定塑料线槽。根据弹线定位的标记，找好固定点位置，把线槽的底板横平竖直地紧贴在建筑物的表面。钻好孔后将伞形螺栓的两伞叶掐紧合拢插入孔中，待合拢伞叶自行张开后，再用螺母紧固即可，露出线槽内的部分应加套塑料管。固定线槽时，应先固定两端再固定中间。

2. 线槽在墙上安装

（1）金属线槽在墙上安装时，可采用塑料胀管安装。当线槽的宽度 $b \leqslant 100mm$ 时，可采用一个胀管固定；如线槽的宽度

$b>100$mm 时，应采用两个胀管并列固定。

① 金属线槽在墙上固定安装的固定间距为 500mm，每节线槽的固定点不应少于 2 个。

② 线槽固定螺钉紧固后，其端部应与线槽内表面光滑相连，线槽槽底应紧贴墙面固定。

③ 线槽的连接应连续无间断，线槽接口应平直、严密，线槽在转角、分支处和端部均应有固定点。

（2）金属线槽在墙上水平架空安装时，既可使用托臂支承，也可使用扁钢或角钢支架支承。托臂可用膨胀螺栓进行固定，当金属线槽宽度 $b \leqslant 100$mm 时，线槽在托臂上可采用一个螺栓固定。

制作角钢或扁钢支架时，下料后的长度偏差不应大于 5mm，切口处应无卷边和毛刺。支架焊接后应无明显变形，焊缝均匀平整，焊缝处不得出现裂纹、咬边、气孔、凹陷、漏焊等缺陷。

3. 线槽在吊顶上安装

（1）吊装金属线槽在吊顶内安装时，吊杆可用膨胀螺栓与建筑结构固定。当在钢结构上固定时，可进行焊接固定，将吊架直接焊在钢结构的固定位置处；也可以使用万能吊具与角钢、槽钢、工字钢等钢结构进行安装，如图 4-40 所示。

（2）吊装金属线槽在吊顶下吊装时，吊杆应固定在吊顶的主龙骨上，不允许固定在副龙骨或辅助龙骨上。

4. 线槽在吊架上安装

线槽用吊架悬吊安装时，可根据吊装卡箍的不同形式采用不同的安装方法。当吊杆安装完成后，即可进行线槽的组装。

（1）吊装金属线槽时，可根据不同需要，选择开口向上安装或开口向下安装。

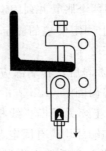

图 4-40　用万能吊具固定

（2）吊装金属线槽时，应先安装干线线槽，后安装支线线槽。

（3）线槽安装时，应先拧开吊装器，把吊装器下半部套入线槽内，使线槽与吊杆之间通过吊装器悬吊在一起。如在线槽上安装灯具时，灯具可用蝶形螺栓或蝶形夹卡与吊装器固定在一起，然后再把线槽逐段组装成形。

（4）线槽与线槽之间应采用内连接头或外连接头连接，并用沉头或圆头螺栓配上平垫和弹簧垫圈用螺母紧固。

（5）吊装金属线槽在水平方向分支时，应采用二通接线盒、三通接线盒、四通接线盒进行分支连接。

在不同平面转弯时，在转弯处应采用立上弯头或立下弯头进行连接，安装角度要适宜。

（6）在线槽出线口处应利用出线口盒［图 4-41（a）］进行连接；末端要装上封堵［图 4-41（b）］进行封闭，在盒箱出线处应采用抱脚［图 4-41（c）］进行连接。

5. 线槽在地面内安装

金属线槽在地面内暗装敷设时，应根据单线槽或双线槽不同结构形式选择单压板或双压板，与线槽组装好后再上好卧脚螺栓。然后，将组合好的线槽及支架沿线路走向水平放置在地面或

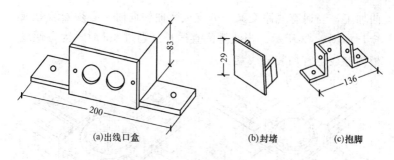

(a)出线口盒 　　　　(b)封堵 　　(c)抱脚

图 4-41　金属线槽安装配件图

楼（地）面的抄平层或楼板的模板上，然后再进行线槽的连接。

（1）线槽支架的安装距离应视工程具体情况进行设置，一般应设置于直线段大于 3m 或在线槽接头处、线槽进入分线盒200mm 处。

（2）地面内暗装金属线盒的制造长度一般为 3m，每 0.6m 设一个出线口。当需要线槽与线槽相互连接时，应采用线槽连接头，如图 4-42 所示。

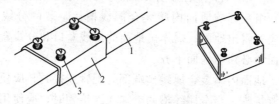

图 4-42　线槽连接头示意图

1—线槽；2—线槽连接头；3—紧定螺钉

线槽的对口处应在线槽连接头中间位置上，线槽接口应平直，紧定螺钉应拧紧，使线槽在同一条中心轴线上。

（3）地面内暗装金属线槽为矩形断面，不能进行线槽的弯曲加工，当遇有线路交叉、分支或弯曲转向时，必须安装分线盒，如图4-43所示。当线槽的直线长度超过6m时，为方便线槽内穿线也宜加装分线盒。

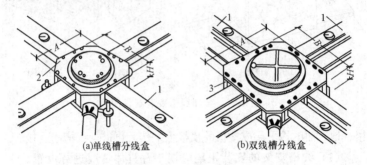

(a)单线槽分线盒　　　　　(b)双线槽分线盒

图4-43　单、双线槽分线盒安装示意图

1—线槽；2—单槽分线盒；3—双槽分线盒

　　线槽与分线盒连接时，线槽插入分线盒的长度不宜大于10mm。分线盒与地面高度的调整依靠盒体上的调整螺栓进行。双线槽分线盒安装时，应在盒内安装便于分开的交叉隔板。

　　（4）组装好的地面内暗装金属线槽，暗装的分线盒封口盖，不应外露出地面；需露出地面的出线盒口和分线盒口不得突出地面，必须与地面平齐。

　　（5）地面内暗装金属线槽端部与配管连接时，应使用线槽与管过渡接头。当金属线槽的末端无连接管时，应使用封端堵头拧牢堵严。线槽地面出线口处，应用不同需要零件与出线口安装好。

6. 线槽附件安装

　　线槽附件如直通、三通转角、接头、插口、盒和箱应采用相同材质的定型产品。槽底、槽盖与各种附件相对接时，接缝处应严实平整，无缝隙。

盒子均应两点固定，各种附件角、转角、三通等固定点不应少于两点（卡装式除外）。接线盒、灯头盒应采用相应插口连接。线槽的终端应采用终端头封堵。在线路分支接头处应采用相应接线箱。安装铝合金装饰板时，应牢固平整严实。

7. 金属线槽接地

金属的线槽必须与 PE 线或 PEN 干线有可靠电气连接，并符合下列规定。

（1）金属线槽不得熔焊跨接接地线。

（2）金属线槽不应作为设备的接地导体，当设计无要求时，金属线槽全长不少于 2 处与 PE 线或 PEN 干线连接。

（3）非镀锌金属线槽间连接板的两端跨接铜芯接地线，截面面积不小于 $4mm^2$，镀锌线槽间连接板的两端不跨接接地线，但连接板两端有不少于 2 个紧固螺母或紧固垫圈作为连接固定螺栓。

★关键词68　敷设金属线槽导线

（1）金属线槽内配线前，应清除线槽内的积水和杂物。清扫线槽时，可用抹布擦净线槽内残存的杂物，使线槽内外保持清洁。

清扫地面内暗装的金属线槽时，可先将引线钢丝穿通至分线盒或出线口，然后将布条绑在引线一端送入线槽内，从另一端将布条拉出，反复多次即可将槽内的杂物和积水清理干净。也可用压缩空气的方法将线槽内的杂物积水吹出。

（2）放线前应先检查导线的选择是否符合要求，导线分色是否正确。

（3）放线时应边放边整理，不应出现挤压背扣、扭结、损伤绝缘等现象，并应将导线按回路（或系统）绑扎成捆，绑扎时应采用尼龙绑扎带或线绳，不允许使用金属导线或绑线进行绑扎。导线绑扎好后，应分层排放在线槽内并做好永久性编号标志。

（4）穿线时，在金属线槽内不宜有接头，但在易于检查（可拆卸盖板）的场所，可允许在线槽内有分支接头。电线电缆和分支接头的总截面面积（包括外护层），不应超过该点线槽内截面面积的75%；在不易于拆卸盖板的线槽内，导线的接头应置于线槽的接线盒内。

（5）电线在线槽内有一定余量。线槽内电线或电缆的总截面面积（包括外护层）不应超过线槽内截面面积的20%，载流导线不宜超过30根。当设计无此规定时，包括绝缘层在内的导线总截面面积不应大于线槽截面面积的60%。

控制、信号或与其相类似的线路，电线或电缆的总截面面积不应超过线槽内截面面积的50%，电线或电缆根数不限。

（6）同一回路的相线和中性线，敷设于同一金属线槽内。

（7）同一电源的不同回路无抗干扰要求的线路可敷设于同一线槽内；由于线槽内电线有相互交叉和平行紧挨现象，敷设于同一线槽内有抗干扰要求的线路用隔板隔离，或采用屏蔽电线和屏蔽护套一端接地等屏蔽和隔离措施。

（8）在金属线槽垂直或倾斜敷设时，应采取措施防止电线或电缆在线槽内移动，使绝缘层造成损坏，拉断导线或拉脱拉线盒（箱）内导线。

（9）引出金属线槽的线路，应采用镀锌钢管或可挠金属电线保护管，不宜采用塑料管与金属线槽连接。线槽的出线口应位置正确、光滑、无毛刺。

引出金属线槽的配管管口处应有护口，电线或电缆在引出部分不得遭受损伤。

★关键词69　敷设塑料线槽

塑料线槽敷设时，宜沿建筑物顶棚与墙壁交角处的墙上及墙角和踢脚板上口线上敷设。

线槽槽底的固定应符合下列规定。

（1）塑料线槽布线应先固定槽底，槽底的长度应符合所需。

（2）塑料线槽布线在分支时应做成 T 字形分支，槽底转角处应作成 45°角对接，对接连接面应严密平整、无缝隙。

（3）塑料线槽槽底可用伞形螺栓固定或用塑料胀管固定，也可用木螺钉将其固定在预先埋入在墙体内的木砖上，如图 4-44 所示。

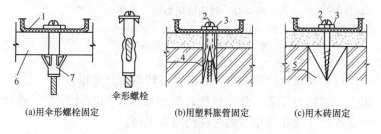

(a)用伞形螺栓固定　　(b)用塑料胀管固定　　(c)用木砖固定

图 4-44　线槽槽底固定

1—槽底；2—木螺钉；3—垫圈；4—塑料胀管；
5—木砖；6—石膏壁板；7—伞形螺栓

（4）塑料线槽槽底的固定点间距应根据线槽规格而定。固定线槽时，应先固定两端再固定中间，端部固定点距槽底终点不应小于 50mm。

（5）固定好后的槽底应紧贴建筑物表面，布置合理，横平竖直，线槽的水平度与垂直度允许偏差均不应大于 5mm。

（6）线槽槽盖一般为卡装式。安装前，应比照每段线槽槽底的长度按需要切断，槽盖的长度要比槽底的长度短一些，如图 4-45 所示，其 A 段的长度应为线槽宽度的一半，在安装槽盖时供做装饰配件就位使用。塑料线槽槽盖如不使用装饰配件，槽盖与槽底应错位搭接。槽盖安装时，应将槽盖平行放置，对准槽底，用手一按槽盖，即可卡入槽底的凹槽中。

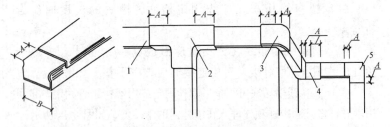

图 4-45　线槽沿墙敷设示意图

1—直线线槽；2—平三通；3—阳转角；

4—阴转角；5—直转角

（7）在建筑物的墙角处线槽进行转角及分支布置时，应使用左三通或右三通。分支线槽布置在墙角左侧时使用左三通，分支线槽布置在墙角右侧时应使用右三通。

（8）塑料线槽布线在线槽的末端应使用附件堵头封堵。

★关键词 70　敷设塑料线槽导线

对于塑料线槽，导线应在线槽槽底固定后开始敷设。导线敷设完成后，再固定槽盖。导线在塑料线槽内敷设时，应注意以下几点。

（1）线槽内电线或电缆的总截面面积（包括外护层）不应超过线槽内截面面积的 20%，载流导线不宜超过 30 根（控

制、信号等线路可视为非载流导线)。

（2）强、弱电线路不应同时敷设在同一根线槽内。同一路径无抗干扰要求的线路，可以敷设在同一根线槽内。

（3）放线时先将导线放开抻直，从始端到终端边放边整理，导线应顺直，不得有挤压、背扣、扭结和受损等现象。

（4）电线、电缆在塑料线槽内不得有接头，导线的分支接头应在接线盒内进行。从室外引进室内的导线在进入墙内一段应使用橡胶绝缘导线，严禁使用塑料绝缘导线。

第5节 槽板布线施工技术

★关键词71 敷设槽板

1. 槽板底板的固定

槽板布线应先把底板固定牢靠。槽板底板可依据不同的建筑结构及装饰材料，采用不同的固定方法。

在木结构上，槽板底板可以直接用木螺钉或钉子固定；在灰板条墙或顶棚上，可用木螺钉将底板钉在木龙骨上或龙骨间的板条上。在砖墙上，可以用木螺钉或钉子把槽板底板固定在预先埋设好的木砖上，也可用木螺钉将其固定在塑料胀管上。在混凝土上，可以用水泥钉或塑料胀管固定。

无论何种方法，槽板应在距底板端部50mm处加以固定，三线槽槽板应交错固定或用双钉固定，且固定点不应设在底槽的线槽内。特别是固定塑料槽板时，底板与盖板不能颠倒使用。盖板的固定点间距应小于300mm，在离终点（或起点）30mm处，均应固定。

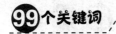

2.槽板连接

由于每段槽板的长度各有不同，在整条线路上，不可能各段都一样，尤其在槽板转弯和端部更为明显，同时，还要受到建筑物结构的限制。

（1）槽板对接。槽板底板对接时，接口处底板的宽度应一致，线槽要对准，对接处斜角角度为45°，接口应紧密，如图4-46（a）所示。在直线段对接时，两槽板应在同一条直线上，其盖板对接如图4-46（b）所示。底板与盖板对接时，底板和盖板均应锯成45°角，以斜口相接。拼接要紧密，底板的线槽要对正；盖板与底板的接口应错开，且错开距离不小于20mm，如图4-46（c）所示。

（a）底板对接　　　　　（b）盖板对接　　　　　（c）底板与井盖拼装

图4-46　槽板对接图

（2）拐角连接。槽板在转角处应呈90°角，连接时，可将两根连接槽板的端部各锯成45°斜口，并把拐角处线槽内侧削成圆弧状，以免碰伤电线绝缘侧层，如图4-47所示。

（3）分支拼接。在槽板分支处做T字形接法时，在分支处应把底板线槽中部分用小锯条锯断铲平，使导线能在线槽中无阻碍地通过，如图4-48所示。

（4）槽板封端。槽板在封端处应采全全斜角。在加工底板时应将底板坡向底部锯成斜角。线槽与保护管呈90°连接时，可在底板端部适当位置上钻孔与保护管进行连接，把保护管压在槽板内，槽板盖板的端部也应呈斜角封端。

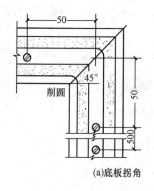

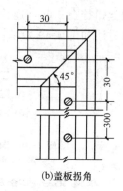

(a)底板拐角   (b)盖板拐角

图4-47　槽板拐角部位连接做法

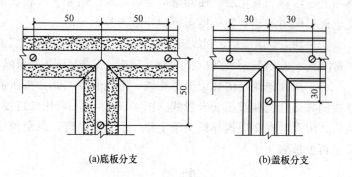

(a)底板分支   (b)盖板分支

图4-48　槽板分支拼接做法

★关键词72　连接导线

1. 铜导线连接

单芯铜导线的连接可采用绞接法，绞接长度不小于5圈。连接前先将铜线拉直，用砂布将接头表面的氧化层打磨干净，

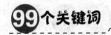

用钢丝钳拧在一起，连接后涂锡。连接完后应包裹绝缘胶布。连接方法如图 4-49 所示。

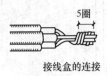

接线盒的连接

图 4-49 铜单芯导线接线盒内连接图

2. 单芯铝导线冷压接

（1）用电工刀或剥线钳削去单芯铝导线的绝缘层，并清除线芯上的污物和氧化层，使其露出金属光泽。铝导线的剥线长度应根据配用的铝套管长度而定，一般约为 30mm。

（2）削去绝缘层后，铝线表面应光滑，不允许有折叠、气泡和腐蚀点，以及超过允许偏差的划伤、碰伤、擦伤和凹坑等缺陷。

（3）按预先规定的标记分清相线、零线和各回路，将所需连接的导线合拢并绞扭成合股线（图 4-50），但不能扭结过度。然后，应及时在多股裸导线头子上涂一层防腐油膏，以免裸线头子再度被氧化。

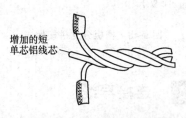

增加的短
单芯铝线芯

图 4-50 单芯铝导线槽板配线裸线头合拢绞扭图

（4）对单芯铝导线压接用铝套管要进行检查：

① 要有铝材材质资料；

②铝套管要求尺寸准确，壁厚均匀一致；

③套管管口光滑平整，且内外侧无毛边、毛刺、凹痕等缺陷，端面应垂直于套管轴中心线；

④套管内壁应清洁，无污染，否则应清理干净后方准使用。

（5）将合股的线头插入检验合格的铝套管，使铝线穿出铝套管端头 1～3mm。套管规格应依据单芯铝导线合拢的根数选用。

（6）根据套管的规格，使用相应的压接钳对铝套管施压。每个接头可在铝套管同一边压三道坑（图 4-51），一压到位，如 $\phi 8$ 铝套管施压后窄为 6～6.2mm。压坑中心线必须在纵向同一直线上。一般情况下，尽量采用正反向压接法，且正反向相差 $180°$，不得随意错向压接，如图 4-52 所示。

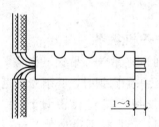

图 4-51　单芯铝导线接头同向压接图

图 4-52　单芯铝导线接头正反向压接图

（7）单芯铝导线压接后，在缠绕绝缘带之前，应对其进行检查。压接接头应当到位，铝套管没有裂纹，三道压坑间距应一致，抽动单根导线没有松动的现象。

（8）根据压坑数目及深度判断铝导线压接合格后，恢复裸露部分绝缘，包缠绝缘带两层，绝缘带包缠应均匀、紧密，不

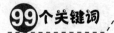

露裸线及铝套管。

（9）在绝缘层外面再包缠黑胶布（或聚氯乙烯薄膜粘带等）两层，采取半叠包法，并应将绝缘层完全遮盖，黑胶布的缠绕方向与绝缘带缠绕方向一致。整个绝缘层的耐压强度不得低于绝缘导线本身绝缘层的耐压强度。

（10）将压接接头用塑料接线盒封盖。

第6节　钢索布线施工技术

★关键词73　敷设钢索

1. 构件预加工与预埋

（1）按需要加工好吊卡、吊钩、抱箍等铁件（铁件应除锈、刷漆），如钢索采用圆钢时，必须先抻直。

钢索如为钢绞线，其直径由设计决定，但不得小于4.5mm；如为圆钢，其直径不得小于8mm；钢绞线不得有背扣、松股、断股、抽筋等现象；如采用镀锌圆钢，抻直时不得损坏镀锌层。

（2）如未预埋耳环，则按选好的线路位置，将耳环固定。耳环穿墙时，靠墙侧垫上不小于150mm×150mm×8mm的方垫圈，并用双螺母拧紧。耳环钢材直径应不小于10mm，耳环接口处必须焊死，如图4-53所示。

（3）墙上钢索安装步骤如下。先按需要长度将钢索剪断，擦去油污，预抻直后，一端穿入耳环，垫上心形环。如为钢索钢绞线，用钢丝绳扎头（钢线卡子）将钢绞线固定两道；如为圆钢，可煨成环形圈，并将圈口焊牢，当焊接有困难时，也可

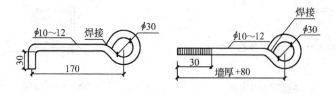

图 4-53　耳环

使用钢丝绳扎头固定两道。然后，将另一端用紧线器拉紧后，搣好环形圈与花篮螺栓相连，垫好心形环，再用钢丝扎头固定两道。紧线器要在花篮螺栓吃力后才能取下，花篮螺栓应紧至适当程度。最后，用钢丝将花篮螺栓绑牢，吊钩与钢索同样需要用钢丝绑牢，防止脱钩。在墙上安装好的钢索如图 4-54 所示。

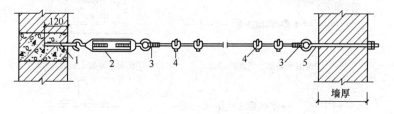

图 4-54　墙上钢索安装

1—耳环；2—花篮螺栓；3—心形环；

4—钢丝绳扎头；5—耳环

2．钢索安装施工

钢索在其他结构上安装时安装方式如图 4-55 所示。其中，H、L 值按建筑物实际尺寸确定，D 值按钢索直径确定。

（1）在柱上安装钢索时，可用 $\phi16$ 圆钢抱箍固定终端支架和中间支架，抱箍的尺寸可根据柱子的大小现场制作。

（2）在工字形或 T 字形屋面梁上安装钢索时，梁上应留

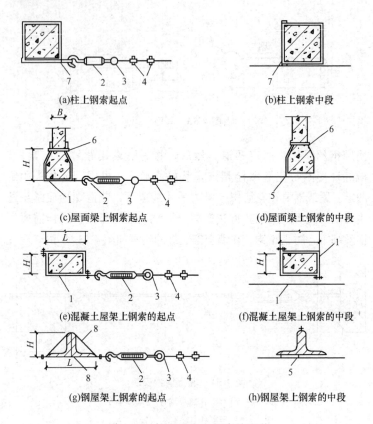

(a)柱上钢索起点　　　　　　　(b)柱上钢索中段

(c)屋面梁上钢索起点　　　　　　(d)屋面梁上钢索的中段

(e)混凝土屋架上钢索的起点　　　　(f)混凝土屋架上钢索的中段

(g)钢屋架上钢索的起点　　　　　(h)钢屋架上钢索的中段

图 4-55　柱和屋架上钢索的安装

1—扁钢支架；2—花篮螺栓；3—心形环；4—钢丝绳扎头；
5—吊钩；6—固定螺栓；7—角钢支架；8—扁钢抱箍

有预留孔，使用螺栓穿过预留孔固定终端支架和中间吊钩。

（3）在混凝土屋架上安装钢索时，应根据屋架大小由现场决定制作钢索支架的尺寸，支架上悬挂的花篮螺栓吊环的孔眼尺寸应与花篮螺栓配合。

（4）在钢屋架上安装钢索，钢索抱箍和吊钩的尺寸应由钢屋架决定，抱箍的尺寸应由花篮螺栓配合。但钢屋架能否承受设计荷载，须征得土建专业人员的许可。

3. 钢索弧垂调整

钢索配线的弧垂大小的调整应符合设计要求，装设花篮螺栓的目的是便于调整弧垂值。弧垂值既不能过大也不能过小，太小会使钢索超过允许受力值，埋下隐患；太大会使钢索摆动幅度过大，不利于在其上固定的线路和灯具等正常运行。还要考虑其自由振荡频率与同一场所的其他建筑设备的运转频率的关系，不要产生共振现象，所以要将弧垂值调整适当。

★关键词74　连接导线

1. 钢索吊装管布线

（1）吊装布管时，应按照先主线后支线的顺序，把加工好的管子从始端到终端顺序连接。

（2）按要求找好灯位，装上吊灯头盒卡子（图4-56），再装上扁钢吊卡（图4-57），然后开始敷设配管。扁钢吊卡的安装应垂直、牢固、间距均匀；扁钢厚度应不小于1.0mm。

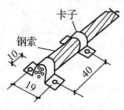

图4-56　吊灯头盒卡子

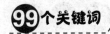

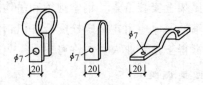

图 4-57　扁钢吊卡

（3）从电源的一侧开始，量好每段管长，等断管、套扣、撤弯等工序完毕后，装上灯头盒，再将配管逐段固定在扁钢吊卡上，并作好整体接地（在灯头盒两端的钢管，要用跨接地线焊牢）。

（4）钢索吊装管配线的组装如图 4-58 所示。

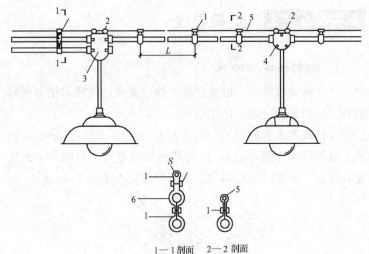

1—1 剖面　2—2 剖面

图 4-58　钢索吊装管配线组装图

1—扁钢吊卡；2—吊灯头盒卡子；3—五通灯头；

4—三通灯头盒；5—钢索；6—钢管或塑料管

注：图中 L：钢管 1.5m，塑料管 1.0m。

对于钢管配线，吊卡和灯头盒之间距离应不大于200mm，吊卡和吊卡之间距离应不大于1.5m

对于塑料管配线，吊卡和灯头盒之间距离应不大于150mm，吊卡和吊卡之间距离应不大于1m。

2. 钢索吊装绝缘子布线

(1) 按设计要求找好灯位及吊架的位置，把绝缘子用螺栓组装在扁钢吊架上，如图4-59所示。

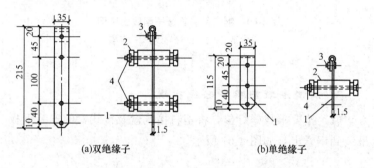

(a)双绝缘子　　　　　　　　(b)单绝缘子

图4-59　扁钢吊架

1—扁钢支架；2—绝缘子；3—固定螺栓（M5）；4—绝缘子螺栓

扁钢厚度不应小于1.0mm，吊架间距应不大于1.5m，吊架与灯头盒的最大间距为100mm，导线间距应不小于35mm。

(2) 为防止始端和终端吊架承受不平衡拉力，可在始、终端吊架外侧适当位置上安装固定卡子。扁钢吊架与固定卡子之间应用镀锌钢丝拉紧；扁钢吊架必须安装垂直、牢固、间距均匀。

(3) 布线时，应将导线拉伸平直，准备好绑线后，由一端开始将导线绑牢，另一端拉紧绑扎后，再绑扎中间各支持点。

(4) 钢索吊装绝缘子配线组装后如图4-60所示。

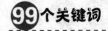

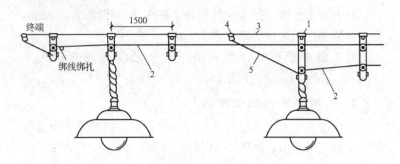

图 4-60　钢索吊装绝缘子配线组装图

1—扁钢吊架；2—绝缘导线；3—钢索；

4—固定卡子；5—ϕ3.2 镀锌钢丝

3. 钢索吊装塑料护套线布线

（1）按要求找好灯位，将塑料接线盒及接线盒的安装钢板吊装到钢索上，如图 4-61 所示。

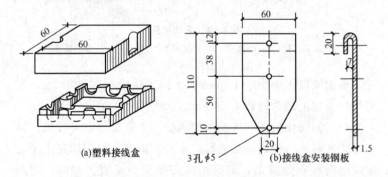

(a)塑料接线盒　　　3孔ϕ5　　　(b)接线盒安装钢板

图 4-61　钢索吊装塑料护套线的接线盒及安装用钢板

（2）均分线卡间距，在钢索上作出标记。线卡最大间距为 200mm；线卡距灯头盒间的最大距离为 100mm，间距应均匀。

（3）测量出两灯具间的距离，将护套线按段剪断（要留出

适当裕量），进行调查，然后盘成盘。

（4）敷线从一端开始，一只手托线，另一只手用线卡将护套线平行卡吊于钢索上。

护套线应紧贴钢索，无垂度、缝隙、扭动、弯曲、损伤。安装好的钢索吊装塑料护套线如图 4-62 所示。

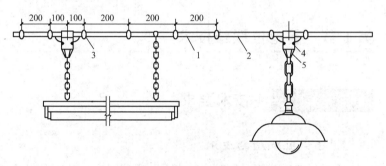

图 4-62　钢索吊装塑料护套线组装图

1—塑料护套线；2—钢索；3—铝线卡；

4—塑料接线盒；5—接线盒安装钢板

第 5 章 配电工程

第1节 等电位联结技术

★关键词75 技术要求

1. 等电位联结的应用

按电位理论，等电位联结是指在一定范围内，对外露的可导电部分做导体等电位电气连接，使人可能触及到的所有导电部位都处在同一电位水平上。等电位联结可分为总等电位联结和局部等电位联结。

(1) 总等电位联结是指针对建筑物在其电源进线处，将PE干线、接地干线、总进水管、总出水管、采暖和空调立管以及建筑物金属构件等相互做导体进行电气连接。其工程做法是在电源进线处的总配电箱旁设置总等电位联结端子板，将进线总配电箱中的 PE 母排、所有进出建筑物的金属管道（上下水管、热力管和燃气管等）、各种金属构件和基础接地极相连接，使这些金属部分都处在相同或接近的电位水平上。

(2) 局部等电位联结（或辅助等电位联结）则是在某一特定的局部范围内的等电位联结。其做法是在联结范围内，设置局部等电位联结端子板，将各种金属管道、金属构件和电源系统中的 PE 线互相连通。装修施工时，局部等电位联结在厨

房、卫生间、浴室、游泳池、医院手术室等一些电击危险特别大的场所尤为重要。

2. 等电位联结的作业条件

等电位联结可以降低用电场所内的接触电压，消除沿电源线路导入故障电压的危险，也是防雷电入侵危害所必需的。在进行厨卫间、手术室等房间的等电位联结施工时，金属管道、厨卫设备等应安装结束；进行金属门窗等电位联结时，应在门窗框定位后，墙面装饰层或抹灰层施工之前进行。

★关键词76　施工工艺

（1）总等电位端子箱、局部等电位端子箱施工。

根据设计图纸要求，确定各等电位端子箱位置，如设计无要求，则总等电位端子箱宜设置在电源进线或进线配电盘处。

（2）等电位联结线施工。

等电位联结线可采用 BV-1×4mm² 塑料绝缘导线穿塑料管暗敷设，或用镀锌扁钢、圆钢暗敷设。等电位联结线施工如图 5-1 所示。

（3）厨、卫间等电位施工。

① 在厨房、卫生间内便于检测位置设置局部等电位端子板，端子板与等电位联结干线连接。地面内钢筋网宜与等电位联结线连通，当墙为混凝土墙时，墙内钢筋网也宜与等电位联结线连通。厨房、卫生间内金属地漏、下水管等设备通过等电位联结线与局部等电位端子板连接。等电位联结线采用 BV-1×4mm² 铜导线穿塑料管于地面或墙内暗敷设。做法如图 5-2 所示。

② 在厨房、卫生间地面或墙内暗敷不小于 25mm×4mm

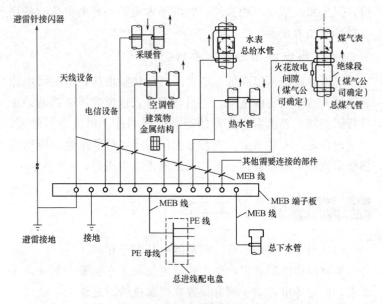

避雷针接闪器

采暖管

水表
总给水管

煤气表

天线设备

空调管

火花放电
间隙
（煤气公
司确定）

绝缘段
（煤气公
司确定）

电信设备

建筑物
金属结构

热水管

总煤气管

其他需要连接的部件

MEB 线

MEB 线

MEB 端子板

避雷接地

接地

PE 线

PE 母线

MEB 线

总下水管

总进线配电盘

图 5-1　等电位联结线施工

镀锌扁钢构成环状。地面内钢筋网宜与等电位联结线连通，当墙为混凝土墙时，墙内钢筋网也宜与等电位联结线连通。厨房、卫生间内金属地漏、下水管等设备通过等电位联结线与扁钢环连通。连接时抱箍与管道接触处的接触表面须刮拭干净，安装完毕后刷防护漆。抱箍内径等于管道外径，抱箍大小依管道大小而定。等电位联结线采用截面不小于 25mm×4mm 的镀锌扁钢。

（4）金属门窗等电位施工。

根据设计图纸位置于柱内或圈梁内预留预埋件，预埋件应预留于柱角或圈梁角，与柱内或圈梁内主钢筋焊接。使用 $\phi 10$ 镀锌圆钢或 25mm×4mm 镀锌扁钢做等电位联结线，连接预

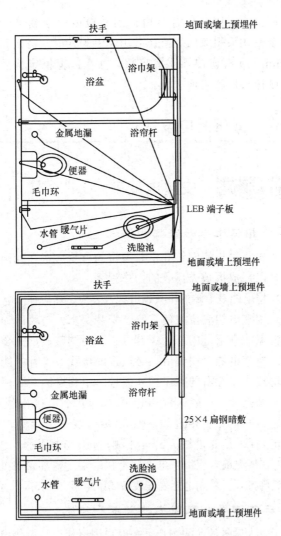

图 5-2　卫生间等电位联结

埋件与钢窗框、固定铝合金窗框的铁板或固定金属门框的铁板，连接方式采用双面焊接。采用圆钢焊接时，搭接长度不小于100mm。所有连接导体宜暗敷，并在门窗框定位后、墙面装饰层或抹灰层施工前进行。

第2节　低压配电设备

★关键词77　安装电能表

1. 单相电能表的安装和接线

（1）先将表板用螺钉固定，螺钉的位置应选在能被表盖住的区域，以形成拆板先拆表的操作程序。

（2）将电能表上端的一只螺钉拧入表板，然后挂上电能表。

（3）调整电能表位置使其符合安装要求，与墙面和地面垂直，后将电能表下端的两个螺钉拧上，在调整表后完全拧紧。

（4）单相电能表安装后，必须按图接线，各种电能表的接线端子均按由左至右的顺序排列编号。单相电能表有两种接线方式：一种是1、3接进线（电源线），2、4接出线（负载线）；另一种是1、2接进线，3、4接出线。国产单相电能表统一规定采用1、3进线，2、4出线，如图5-3所示。电能表接线完毕，在接电前，应由供电部门把接线端子盒加铅封处理，用户不可擅自打开。单相电能表安装后的配电板如图5-4所示。

2. 三相四线制电能表的安装和接线

对于较大容量的照明用户，一般采用三相四线制供电。三相四线制进户的照明电路规定采用三相四线制电能表进行量电。

三相四线制电能表有8个接线柱，按由左向右编序，1、

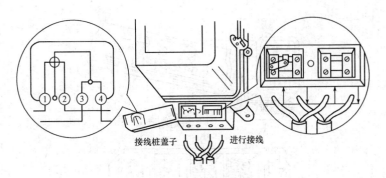

接线桩盖子　进行接线

图 5-3　单相电能表接线

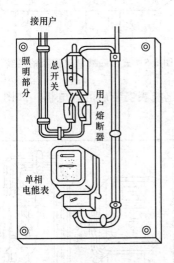

接用户

照明部分　总开关

用户熔断器

单相电能表

图 5-4　单相电能表配电板

3、5 接线柱是电源相线的接线柱，2、4、6 是电能表的相线出线的接线柱，7 为电源中性线 N 的进线接线柱，8 为电能表的中性线出线的接线柱，如图 5-5 所示。

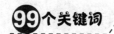

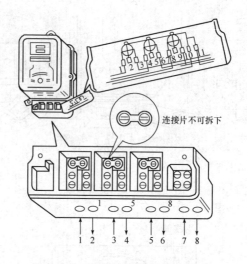

图 5-5　三相四线制电能表的接线

三相四线制电能表安装后的配电板，如图 5-6 所示。

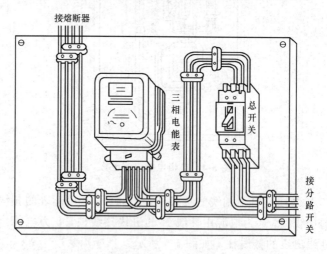

图 5-6　三相四线制电能表配电板

3. 新型电能表

（1）静止式电能表。静止式电能表继承传统感应式电能表的优点，借助于先进的电子电能计量机理，采用全密封、全屏蔽的结构型式。它具有良好的抗电磁干扰性能，是一种集节电、可靠、轻巧、高精度、高过载、防窃电等为一体的新型电能表。

静止式电能表的原理框图如图 5-7 所示。它是由分流器取得电流采样信号，分压器取得电压采样信号，经乘法器得到电压和电流乘积信号，再经频率变换器产生一个频率与电压电流乘积成正比的计算脉冲，通过分频，驱动步进电动机，使计度器计量。

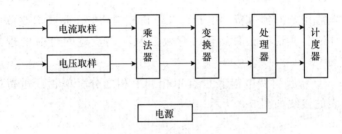

图 5-7　静止式电能表工作原理框图

静止式电能表的安装与使用，与一般机械式电能表大致相同，但其接线宜粗，避免因接触不良而发热烧毁。静止式电能表的安装接线如图 5-8 所示。

（2）长寿式机械电能表。长寿式机械电能表是在充分吸收国内外电能表设计、选材和制造经验的基础上开发的新型电能表。它具有寿命长、功耗低、负载宽、精度高等优点。

（3）电子式预付费电能表。电子式预付费电能表又称为IC卡表或磁卡表。它是采用最新微电子技术研制的新型电能表，其用途是计量频率为 50Hz 的交流有功电能，同时完成先

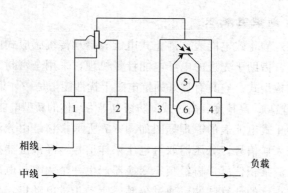

图 5-8　静止式电能表接线图

买电后用电的预付费用电管理及负荷控制功能，是我国改革用电体制、实现电能商品化、有效控制和调节电网负荷的理想产品。

　　IC 卡预付费电能表也有单相和三相之分。单相预付费电能表的接线如图 5-9 所示。

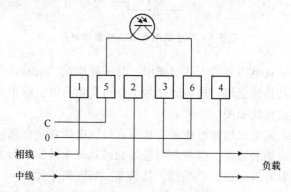

图 5-9　单相预付费电能表接线图

（4）单相载波电能表（机电一体化电能表）。单相载波电能表以原有感应式电能表为基础，配以采集模块，采用光电转换取样，应用模糊调制扩频技术、现代通信技术，将用户用电信息通过低压传送到智能抄表集中器进行存储，电管理部门通过电话网可读取集中器所存储的信息，实现远程自动抄表。

（5）防窃电电能表。防窃电电能表是一种集防窃电与计量功能于一体的新型电能表，可有效地防止违章窃电行为，堵住窃电漏洞，给用电管理带来了极大的方便。

★关键词78　安装变压器

1. 设备点件检查

（1）设备点件检查应由安装单位、供货单位会同建设单位代表共同进行，并做好记录。

（2）按照设备清单、施工图纸及设备技术文件核对变压器本体及附件、备件的规格型号是否符合设计图纸要求。是否齐全，有无丢失及损坏。

（3）变压器本体外观检查无损伤及变形，油漆完好无损伤。

（4）油箱封闭是否良好，有无漏油、渗油现象，油标处油面是否正常，发现问题应立即处理。

（5）绝缘瓷件及环氧树脂铸件有无损伤、缺陷及裂纹。

2. 变压器二次搬运

（1）变压器二次搬运应由起重工作业，电工配合。最好采用汽车吊吊装，也可采用倒链吊装，距离较长最好用汽车运输，运输时必须用钢丝绳固定牢固，并应行车平稳，尽量减少震动；距离较短且道路良好时，可用卷扬机、滚杠运输。产品在运输过程中，其倾斜度不得大于产品技术要求，如无要求不得大于30°。变压器吊装时，索具必须检查合格，钢丝绳必须挂在油箱的吊钩上，要用两根钢绳，同时着力四处如图5-10，并注意产品重心的位置，两根钢绳的起吊夹角不要大于60°。若因吊高限制不能符合条件，用横梁辅助提升。上盘的吊环仅作吊芯用，不得用此吊环吊装整台变压器。

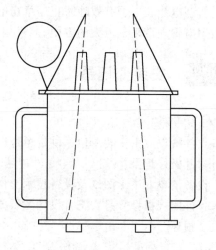

图5-10 变压器吊装

（2）变压器搬运时，应注意保护瓷瓶，最好用木箱或纸箱将高低压瓷瓶罩住，使其不受损伤。

（3）变压器搬运过程中，不应有冲击或严重振动情况，利用机械牵引时，牵引的着力点应在变压器重心以下，以防倾斜，运输倾斜角不得超过15°，防止内部结构变形。

（4）用千斤顶顶升大型变压器时，应将千斤顶放置在专设部位，以免变压器变形。

（5）大型变压器在搬运或装卸前，应核对高低压侧方向，

以免安装时调换方向发生困难。

3. 变压器就位

（1）变压器、电抗器基础的轨道应水平，轨道与轮距应配合；核验变压器基础的强度和轨道安装的牢固性、可靠性。基础轨距应与变压器轮距相吻合。装有气体继电器的变压器，应使其顶盖沿气体继电器气流方向有 $1\%\sim1.5\%$ 的升高坡度（制造厂规定不需安装坡度者除外）。

（2）变压器就位可用汽车吊直接吊进变压器室内，或用道木搭设临时轨道，用倒链吊至临时平台上，然后用倒链拉入室内合适位置。

变压器、电抗器基础的轨道应水平，轨道与轮距应配合；装有气体继电器的变压器、电抗器，应使其顶盖沿气体继电器气流方向有 $1\%\sim1.5\%$ 的升高坡度（制造厂规定不需安装坡度者除外）。当与封闭母线连接时，其套管中心应与封闭母线中心线相符。装有滚轮的变压器、电抗器，其滚轮应能灵活转动，在设备就位后，应将滚轮用能拆卸的制动装置加以固定。

因变压器基础台面高于室外地坪，所以，在变压器就位时，应在室外搭设一个与室内基础台面等高的平台，平台必须牢固可靠，具有一定的刚度和强度，确保平台的稳定性，变压器就位之前，应将变压器平稳地吊到平台上，然后缓慢地将变压器推入室内至就位的位置。变压器宽面推进时，低压侧应向外；窄面推进时，油枕侧一般应向外。在装有开关的情况下，操作方向应留有1200mm以上的宽度。油浸变压器的安装，应考虑能在带电的情况下，便于检查油枕和套管中的油位、上层油温、瓦斯继电器等。变压器就位时，应注意其方位和距墙尺寸应与图纸相符，允许误差为±25mm，图纸无标注时，纵向按轨道定位，横向距离不得小于 800mm，距门不得小于

1000mm，并适当照顾屋内吊环的垂线位于变压器中心，以便于吊芯。

（3）变压器就位符合要求后，对于装有滚轮的变压器应将滚轮用可以拆卸的制动装置加以固定。

（4）变压器的接地螺栓均需可靠地接地。低压侧零线端子必须可靠接地。变压器基础轨道应和接地干线可靠连接，确保接地可靠性。

（5）变压器的安装应设置抗地震装置，如图5-11所示。

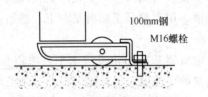

(a)安装在混凝土地坪上的变压器安装

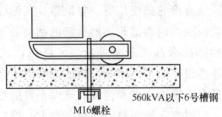

(b)有混凝土轨梁宽面推进的变压器安装

图5-11　变压器抗震做法

4. 附件安装

（1）气体继电器的安装。

①气体继电器应作密封试验，轻瓦斯动作容积试验，重瓦斯动作流速试验，经检验鉴定合格后才能安装。

②气体继电器安装应水平，观察窗安装方向便于检查，箭头指向储油箱（油枕），应与连通管连接密封良好，其内部应擦拭干净，截油阀位于油枕和气体继电器之间。

③打开放气嘴，放出空气，直到有油溢出时将放气嘴关上，以免有空气使继电保护器误动作。

④当操作电源为直流时，必须将电源正极接到水银侧的接点上，以免接点断开时产生飞弧。

⑤事故喷油管的安装方位，应注意到事故排油时不致危及其他电器设备；喷油管口应换为割划有"十"字线的玻璃，以便发生故障时气流能顺利冲破玻璃。

（2）冷却装置的安装。

①冷却装置在安装前应按制造厂规定的压力值用气压或油压进行密封试验，其中散热器、强迫油循环风冷却器，持续30min 应无渗漏；强迫油循环水冷却器，持续 1h 应无渗漏，水、油系统应分别检查渗漏。

②冷却装置安装前应用合格的绝缘油经净油机循环冲洗干净，并将残油排尽。冷却装置安装完毕后应立即注满油。

③风扇电动机及叶片应安装牢固，并应转动灵活，无卡阻；试转时应无振动、过热；叶片应无扭曲变形或与风筒碰擦等情况，转向应正确；电动机的电源配线应采用具有耐油性能的绝缘导线。

④管路中的阀门应操作灵活，开闭位置应正确；阀门及法兰连接处应密封良好。

⑤外接油管路在安装前，应进行彻底除锈并清洗干净；管道安装后，油管应涂黄漆，水管应涂黑漆，并设有流向标志。

⑥油泵转向应正确，转动时应无异常噪声、振动或过热现象；其密封应良好，无渗油或进气现象。

⑦ 差压继电器、流速继电器应经校验合格，且密封良好，动作可靠。

⑧ 水冷却装置停用时，应将水放尽。

（3）储油柜的安装。

① 储油柜安装前，应清洗干净。

② 胶囊式储油柜中的胶囊或隔膜式储油柜中的隔膜应完整无破损；胶囊在缓慢充气胀开后检查应无漏气现象。

③ 胶囊沿长度方向应与储油柜的长轴保持平行，不应扭偏；胶囊口的密封应良好，呼吸应通畅。

④ 油位表动作应灵活，油位表或油标管的指示必须与储油柜的真实油位相符，不得出现假油位。油位表的信号接点应位置正确，绝缘良好。

⑤ 所有法兰连接处应用耐油密封垫（圈）密封；密封垫（圈）必须无扭曲、变形、裂纹和毛刺，密封垫（圈）应与法兰面的尺寸相配合。

法兰连接面应平整、整洁；密封垫应擦拭干净，安装位置应准确；其搭接处的厚度应与其原厚度相同，橡胶密封垫的压缩量不宜超过其厚度的 1/3。

（4）防潮呼吸器的安装。

① 防潮呼吸器安装之前，应检查硅胶是否失效，如已失效，应在 115～120℃ 温度烘烤 8h 或按产品说明书规定执行，使其复原或更新。

② 安装时，必须将呼吸器盖子上橡皮垫去掉，使其通畅，在隔离器具中装适量变压器油，以过滤灰尘。

（5）温度计的安装。

变压器使用的温度计有玻璃液面温度计、压力式信号温度计、电阻温度计。温度计装在箱顶表座内，表座内注入变压器

油（留空气层约 20mm）并密封。玻璃液面温度计应装在低压侧。压力式信号温度计安装前应经过准确度检验，并按运行部门的要求整定电接点，信号温度计的导管不应有压扁和死弯，弯曲半径不得小于 100mm。控制线应接线正确，绝缘良好。电阻式温度计主要是供远方监视变压器上层油温，与比率计配合使用。

（6）电压切换装置的有关安装。

① 变压器电压切换装置各分接点与线圈的联线压接应正确，并接触紧密牢固。转动点停留位置正确，并与指示位置一致。

② 电压切换装置的小轴销子、分接头的凸轮、拉杆等应确保完好无损。转动盘应动作灵活，密封良好。

③ 有载调压切换装置的调换开关的触头及铜辫子软线应完整无损，触头间应有足够的压力（常规为 80～100N）。

④ 电压切换装置的传动装置的固定应牢固，传动机构的摩擦部分应有足够的润滑油。

⑤ 连锁安装。有载调压切换装置转动到极限位置时，应装有机械连锁与带有限位开关的电气连锁。

⑥ 有载调压切换装置的控制箱常规应安装在操作台上，联线应正确无误，并应调整好，手动、自动工作正常，挡位指示正确。

⑦ 电压切换装置吊出检查调整时，暴露在空气中的时间应符合表 5-1 规定。

表 5-1　电压切换装置露空时间

环境温度/℃	>0	>0	>0	<0
空气相对湿度/%	65 以下	65～75	75～85	不控制
持续时间不大于/h	24	16	10	8

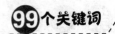

5. 变压器连线

(1) 变压器外部引线的施工，不应使变压器的套管直接承受应力。

(2) 变压器中性点的接地回路中，靠近变压器处，应做一个可拆卸的连接点。

(3) 接地装置从地下引出的接地干线以最近的路径直接引至变压器，绝不允许经其他电气装置接地后串联连接起来。

(4) 变压器中性点接地线与工作零线应分别敷设。工作零线应用绝缘导线。

(5) 油浸变压器附件的控制导线，应采用具有耐油性能的绝缘导线。靠近箱壁的导线，应用金属软管保护，并排列整齐，接线盒应密封良好。

6. 吊芯检查

(1) 运输支撑和器身各部位应无移动现象，运输用的临时防护装置及临时支撑应予拆除，并经过清点做好记录以备查。

(2) 所有螺栓应紧固，并有防松措施；绝缘螺栓应无损坏，防松绑扎完好。

(3) 铁芯检查：

①铁芯应无变形，铁轭与夹件间的绝缘垫应良好；

②铁芯应无多点接地；

③铁芯外引接地的变压器，拆开接地线后铁芯对地绝缘应良好；

④打开夹件与铁轭接地片后，铁轭螺杆与铁芯、铁轭与夹件、螺杆与夹件间的绝缘应良好；

⑤当铁轭采用钢带绑扎时，钢带对铁轭的绝缘应良好；

⑥打开铁芯屏蔽接地引线，检查屏蔽绝缘应良好；

⑦打开夹件与线圈压板的连线，检查压钉绝缘应良好；

⑧ 铁芯拉板及铁轭拉带应紧固，绝缘良好。

（4）绕组检查。

① 绕组绝缘层应完整，无缺损、变位现象。

② 各绕组应排列整齐，间隙均匀，油路无堵塞。

③ 绕组的压钉应紧固，防松螺母应锁紧。

（5）绝缘围屏绑扎牢固，围屏上所有线圈引出处的封闭应良好。

（6）引出线绝缘应包扎牢固，无破损、拧弯现象；引出线绝缘距离应合格，固定支架应紧固；引出线的裸露部分应无毛刺或尖角，其焊接应良好；引出线与套管的连接应牢靠，接线正确。

（7）无励磁调压切换装置各分接头与线圈的连接应紧固正确；各分接头应清洁，且接触紧密，弹力良好；所有接触到的部分，用 0.05mm×10mm 塞尺检查，应塞不进去；转动接点应正确地停留在各个位置上，且与指示器所指位置一致；切换装置的拉杆、分接头凸轮、小轴、销子等应完整无损；转动盘应动作灵活，密封良好。

（8）有载调压切换装置的选择开关、范围开关应接触良好，分接引线应连接正确、牢固，切换开关部分密封良好。必要时抽出切换开关芯子进行检查。

（9）绝缘屏障应完好，且固定牢固，无松动现象。

（10）检查油循环管路与下轭绝缘接口部位的密封情况。

（11）检查各部位应无油泥、水滴和金属屑末等杂物。

（12）器身检查完毕后，必须用合格的变压器油进行冲洗，并清洗油箱底部，不得有遗留杂物。箱壁上的阀门应开闭灵活、指示正确。导向冷却的变压器尚应检查和清理进油管节头和联箱。吊芯过程中，芯子与箱壁不应碰撞。

(13) 吊芯检查后如无异常，应立即将芯子复位并注油至正常油位。吊芯，复位、注油必须在 16h 内完成。

(14) 吊芯检查完成后，要对油系统密封进行全面仔细的检查，不得有漏油、渗油现象。

★关键词 79　安装低压配电箱

1. 低压木配电箱

木配电箱的制作分配电板（盘面）和箱体两大部分。盘面应选厚度在 25mm 以上、质地良好的木板，并涂以防潮漆。木制配电板主要是根据电器设备的布置位置和配电箱回路数来制作的，它的形式很多，图 5-12 是常见的一种形式。

木制配电板上各电器之间必须有一定的间距，各电器元件的间距见表 5-2。

表 5-2　木制配电板电器元件的间距　单位：mm

间距	电器规格	最小尺寸
A	—	60 以上
B	—	50 以上
C	—	30 以上
D	—	20 以上
E	10～15A	20 以上
	20～30A	30 以上
	60A	50 以上
F	—	80 以上

2. 低压成套电力配电箱

电力配电箱过去被称为动力配电箱，在新编制的各种国家

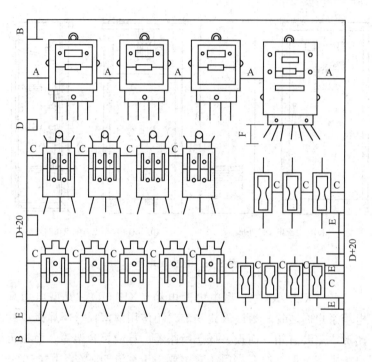

图 5-12　木制配电板

标准和规范中，统一称为电力配电箱。

（1）XL（F）-15 型电力配电箱。XL（F）-15 型电力配电箱系户内装置，箱体由薄钢板弯制焊接而成，为防尘式安装。箱的门上装有一只电压表，指示汇流母线电压。打开箱门，箱内全部电器敞露，主要有刀开关（为箱外操作），刀开关额定电流一般为 400A。RM3 型（或 RTO 型）熔断器安装在由角钢焊成的框架上，框架用螺钉固定在箱壳上。其用作工厂交流 500V 及以下的三相交流电力系统的配电。XL（F）-15型电力配电箱的外形如图 5-13 所示。

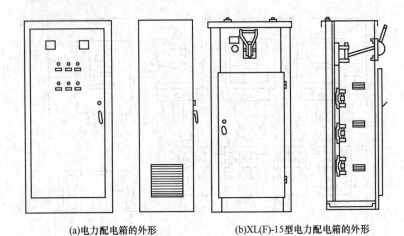

(a)电力配电箱的外形　　　　(b)XL(F)-15型电力配电箱的外形

图 5-13　电力配电箱

（2）XL（R）-20 型电力配电箱。XL（R）-20 型电力配电箱系户内装置，为嵌入式安装。箱体用薄钢板弯制焊接成封闭形，主要有箱、面板、低压断路器、母线及台架等。面板可自由拆下，面上装有小门。它主要用于交流 500V 以下、50Hz 三相三线及三相四线电力系统，作电力配电用。它兼有过载及短路保护装置。

3. 低压配电箱的安装

（1）低压配电箱的安装高度，除施工图中有特殊要求外，暗装时底口距地面为 1.4m；明装时为 1.2m，但明装电能表应为 1.8m。

（2）在 240mm 厚的墙内暗装配电箱时，其后壁用 10mm 厚石棉板及直径为 2mm 的铁丝、孔洞为 10mm 的铁丝网钉牢，再用 1:2 水泥砂浆抹好以防开裂。

（3）配电箱外壁与墙有接触的部分均需涂防腐油，箱内壁

及板面均涂以灰色油漆。铁制配电箱应先涂上樟丹油再涂油漆。

组合式变电所

由我国自行设计的箱式变电所取各国之长，如 ZBW 系列组合式变电所，适用于 6～10kV 单母线和环网供电系统，容量为 50～1600kV·A 的独立箱式变电装置。它是由 6～10kV 高压变电室、10/0.4kV 变压器室和 220/380V 低压室组合的金属结构体。箱式变电站有高压配电装置、电力变压器和低压配电装置三部分组成。其特点是结构紧凑，运输及移动比较方便，常用高压电压为 6～35kV，低压为 0.4/0.23kV。箱壳内的高、低压室设有照明灯，箱体有防雨、防晒、防尘、防锈、防潮、防小动物等措施。箱式变电所门的内侧有主回路线路图、控制线路图、操作程序及使用注意事项给用户提供方便。

ZBW－315－630kV·A 型组合变电所是常见的一种袖珍式组合变电所，其外形如图 5-14 所示。

图 5-14　ZBW-315-630kV·A 型组合变电所外形图

第 **6** 章　灯具及电气系统工程

第1节　普通灯具的安装

★关键词81　照明设备

1. 电光源

电光源是指发光元器件或发光体。按发光原理区分，电光源主要分为热辐射光源和气体放电光源两种。在普通电气照明设备中，应用较多的是白炽灯和荧光灯，其次是碘钨灯、高压汞灯、高压钠灯、钠铊铟灯和镝灯等。

（1）白炽灯。

白炽灯具有结构简单、使用方便、成本低廉、点燃迅速和对电压适应范围宽的特点，但由于其直接由钨丝发光，发光效率较低，只有 2%～3% 的电能转换为可见光，且光色较差。故一般用于对光色要求不高的场合，如楼道、杂物间等处。

灯泡的灯头有螺口式和插（卡）口式两种，其结构如图 6-1所示。普遍应用的螺口灯头在电接触和散热方面，都比插口式灯头好得多。插口式灯头具有振动时不易松脱的特点，在移动灯具中（如车辆照明），应用较广。

（2）荧光灯。

荧光灯由灯管、镇流器、启辉器、灯架和灯座等组成。灯

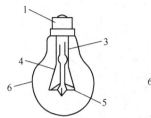

图 6-1 白炽灯泡构造

1—插口灯头；2—螺口灯头；3—玻璃支架；

4—引线；5—灯丝；6—玻璃壳

管由玻璃管、灯丝、灯丝引出脚等组成，其结构如图 6-2 所示。在灯丝上涂有电子粉，玻璃管内抽成真空后充入水银和氩气，管壁涂有荧光粉。启辉器由氖泡（玻璃泡）、纸介电容、出线脚和外壳等组成，如图 6-3 所示。纸介电容可以消除当起辉器断开时产生的无线电波对周围无线电设备的干扰。镇流器是带有铁芯的电感线圈。

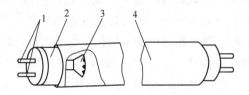

图 6-2 荧光灯管的构造

1—灯脚；2—灯头；3—灯丝；4—玻璃管

当荧光灯通电后，电源电压经镇流器、灯丝，在启辉器的"∩"形动、静触片间产生电压，引起辉光放电，放电时产生的热量使动触片膨胀，与静触片相接，从而接通电路，使灯丝预热并发射电子，此时，由于动、静触片的接触，使两片间电

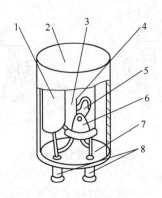

图 6-3　启辉器的构造

1—电容器；2—铝壳；3—玻璃泡；4—静触片；

5—动触片；6—涂铷；7—绝缘底座；8—插头

压为零而停止辉光放电，动触片冷却并复位脱离静触片。断开瞬间，镇流器两端由于产生自感现象而出现反电动势，此电动势加在灯管两端，使灯管内的惰性气体被电离而引起两极间弧光放电，激发产生紫外线，紫外线激发灯管内壁上的荧光粉，从而发出近似日光的灯光。荧光灯的电路图如图 6-4 所示。

另外，电子镇流器已经基本取代了电感式镇流器，它具有节电、启动电压较宽、启动时间短（0.5s）、无噪声、无频闪现象等特点，可以在 15～60℃ 范围内正常工作，使用更加方便，故障率低。其接线图如图 6-5 所示。

节能型荧光灯全称为三基色节能荧光灯，其基本结构和工作原理都与荧光灯相同。但由于其采用了发光效率更高的三基色荧光粉，故其节能效果更佳。一只 7W 的三基色节能荧光灯发出的光通量与一只 40W 白炽灯发出的光通量相当。与普通荧光灯比较具有发光效率高、体积小、形式多样等优点，如图 6-6 所示。

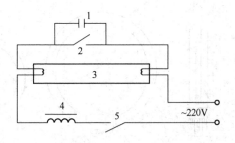

图6-4　荧光灯的电路图

1—启辉器电容；2—U形双金属片；3—灯管；
4—镇流器；5—开关

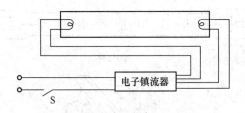

图6-5　采用电子镇流器的荧光灯接线图

（3）碘钨灯。

碘钨灯的外壳为耐高温的圆柱状石英管，两端灯脚为电源触点，灯芯（钨丝）为螺旋状，放置在灯丝支持架上，灯管内抽成真空后，充入微量的碘，如图6-7所示。

碘钨灯的接线方式和荧光灯类似。通电后，当灯管内温度升高到250～1200℃后，碘和灯丝蒸发出来的钨化合成具有挥发性的碘化钨。而碘化钨在靠近灯丝的高温（1400℃）处，又被分解成碘和钨，钨留在灯丝表面，碘又回到温度较低的位置，如此依次循环往复，从而大大提高了灯管的发光效率，并延长了灯丝的使用寿命。

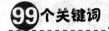

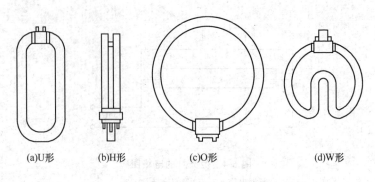

(a)U形　　　(b)H形　　　(c)O形　　　(d)W形

图 6-6　节能型荧光灯

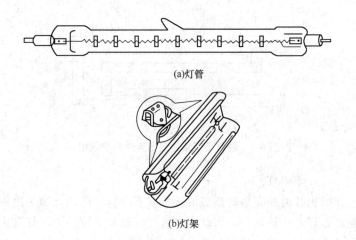

(a)灯管

(b)灯架

图 6-7　碘钨灯

　　因灯管发光时周围的温度很高，所以必须将其安装在专用的有隔热装置的金属灯架上。接线时，靠近灯架处的导线要加套耐高温管。

　　（4）金属卤化物灯。

金属卤化物灯是气体放电灯中的一种，结构和高压汞灯相似，是在高压汞灯的基础上发展起来的，所不同的是石英内管中除了充有汞、氩之外，还充有能发光的金属卤化物（以碘化物为主）。

放电时，利用金属卤化物的循环作用，不断向电弧提供金属蒸气，向电弧中心扩散，因为有金属原子参加，被激发的原子数目大大增加，而且金属原子在电弧中受激发而辐射该金属特征的光谱线，以弥补高压汞蒸气放电辐射光谱中的不足，所以其发光效率显著提高。由于金属的激发电位比汞低，放电以金属光谱为主。如果选择几种不同的金属，按一定的配比，就可以获得不同的颜色。其外形如图 6-8 所示。

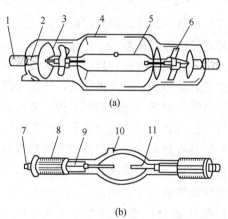

图 6-8 金属卤化物灯

1，7—灯脚；2—引线；3—云母片；4，10—玻璃泡体；
5—放电管；6—支架；8—灯头；9—铝箔；11—电极

金属卤化物灯的特点如下。

① 发光效率高，且光色接近自然光。

② 显色性好，即能让人真实地看到被照物体的本色。

③ 紫外线辐射少，但无外壳的金属卤化物灯紫外线辐射较强，应增加玻璃外罩，或悬挂高度不低于 14m。

④ 电压变化将影响到光效和光色的变化，甚至电压突降时会自行熄灭，所以要求使用场所的电压变化不宜超过额定值的 ±5%。

⑤ 在应用中除了要配专用变压器外，1kW 的钠铊铟灯还应配专用的触发器才能点燃。常用的金属卤化物灯有钠铊铟灯、管形镝灯等，主要用在要求高照度的场所、繁华街道及要求显色性好的大面积的照明地方。

2. 灯座

灯座是灯具最基本的组成部分，也称为灯脚，可分为白炽灯灯座和荧光灯灯座等几种形式。

白炽灯灯座一般分平座式、悬吊式和管接式三种。平座式和吊式灯座用于普通的平座灯和吊线灯，管接式灯座用于吸顶灯、吊链灯、吊杆灯和壁灯等成套灯具内，悬吊式铝壳灯座可用于室外吊灯。还有特殊形式的"组合式"灯座，相比前三种类型的灯座，更具有降低成本、提高安装工效等特点，可用于使用要求不高的场所，如附拉线开关或胶木螺口平灯座等。

安装灯座时应注意以下事项：

(1) 灯座绝缘部分应能承受 2000V（50Hz）试验电压，历时 1min 而不发生击穿和闪络。

(2) 螺口灯座在 E27/27−1 灯泡旋入时，手不应触到灯头和灯座的带电部分。

(3) 插口灯座的弹性触头被压缩在使用位置时的总弹力应为 15～25N。

(4) 灯座通过 125% 的工作电流时，导电部分的升温不应

超过 40℃；胶木件表面应无气泡、裂纹、铁粉、膨胀，明显的擦伤和毛刺等缺陷，并具有良好的光泽。

（5）平座式灯座的接线端子应能可靠连接一根与两根截面面积为 $0.5\sim2.5mm^2$ 的导线，其他灯座能连接一根截面面积为 $0.5\sim2.5mm^2$ 的导线，悬吊式灯座的接线端子当连接截面面积为 $0.5\sim2.5mm^2$（E40 用灯口为 $1\sim4mm^2$）导线时，应能承受 40N 的拉力。

（6）金属之间的连接螺纹的有效连接圈数不应少于 2 圈，胶木之间的连接螺纹的有效连接圈数不应少于 1.5 圈。

3. 照明设备附件

安装照明灯具，常用的附件有吊线盒、膨胀螺栓、灯架、灯罩等。电气安装工程中，常用的吊线盒有胶木吊线盒、瓷质吊线盒和塑料吊线盒。带圆台的吊线盒是近年来出现的新产品，可提高安装工效和节约木材。膨胀螺栓的形状和规格较多，可根据不同使用条件进行选择。在砖或混凝土结构上固定灯具时，应选用沉头式胀管和尼龙塞（即塑料胀管）。

★关键词 82　施工准备

1. 进场验收

（1）各类灯具均应具有产品合格证，设备应有铭牌表明制造厂、型号和规格。型号、规格必须符合设计要求，附件、备件应齐全完好，无机械损伤，变形、灯罩破裂、灯箱歪翘等现象。

（2）灯具涂层完整，无损伤，附件齐全。普通灯具有安全认证标志。

（3）对成套灯具的绝缘电阻、内部接线等性能进行现场抽样检测。灯具的绝缘电阻值不小于 2MΩ，内部接线为铜芯绝缘电线，线芯截面面积不小于 0.5mm²，橡胶或聚氯乙烯（PVC）绝缘层厚度不小于 0.6mm。

2. 工序交接确认

（1）安装灯具的预埋螺栓、吊杆和吊顶上嵌入式灯具安装专用骨架等完成，大型灯具按设计要求做过载试验合格后才可进行安装。安装灯具的预埋件和嵌入式灯具安装专用骨架通常由施工设计出图，要注意的是有的可能在土建施工图上，也有的可能在电气安装施工图上，这就要求做好协调分工，特别是应在图纸会审时给以明确。

（2）影响灯具安装的模板、脚手架拆除；室内装修和地面清理工作基本完成后，电线绝缘测试合格，才能安装灯具并进行灯具接线。

（3）高空安装的灯具，在地面通、断电试验合格后，才能安装。

3. 施工作业条件

（1）照明装置的安装应按已批准的设计进行施工。

（2）与照明装置安装有关的建筑物和构筑物的土建工程质量，应符合现行建筑工程施工的有关规定。

（3）土建工程应具备下列条件。

① 对灯具安装有妨碍的模板、脚手架已拆除。

② 顶棚、墙面等抹灰工作及表面装饰工程已完成，且场地清理工作已结束。

4. 安装要求

（1）每一接线盒应对应一个灯具。门口第一个开关对应门口的第一只灯具，灯具与开关应相对应。事故照明灯具应有特殊指示标志，并配有独立供电电源。每个照明回路均应通电校正，做到通电灯亮、断电灯灭。

（2）一般灯具的安装高度应不低于 2.5m。当设计无要求时，室外灯具安装高度不低于 2.5m；厂房灯具安装高度不低于 2.5m；室内灯具安装高度不低于 2m；软吊线带升降器的灯具在吊线展开后安装高度不低于 0.8m。

（3）室外灯具距地面高度小于 2.4m 时，灯具的可接近裸露导体必须接地（PE 线）或接零（PEN 干线）可靠，并应有专用接地螺栓，且有警示标识。

在危险性较大及特殊危险场所，当灯具距地面高度小于 2.4m 时，应使用额定电压为 36V 及以下的照明灯具，或有专用保护措施。

（4）变电所内高、低压盘及母线的正上方，不得安装灯具（不包括采用封闭母线、封闭式盘柜的变电所）。

（5）灯具的接线盒、木台及电扇的吊钩等承重结构，一定要按要求安装，确保器具的牢固性。安装过程中，要注意保护顶棚、墙壁、地面不污染、不损伤。

（6）灯具的固定应符合下列规定。

① 灯具质量超过 3kg 时，应固定在螺栓或预埋吊钩上。

② 软线吊灯的灯具质量未超过 0.5kg 时，可以使用软电线吊装灯具；灯具质量大于 0.5kg 时应加装吊链，且软电线不应受力，宜盘绕在吊链上。

③ 灯具固定应牢固可靠，不使用木楔，每个灯具不能少于 2 个固定用螺钉或螺栓；当绝缘台直径在 75mm 及以下时，可以使用 1 个螺钉或螺栓固定。

④ 固定灯具带电部件的绝缘材料以及提供防触电保护的绝缘材料，应耐燃烧和防明火。

⑤ 灯具通过木台与墙面或楼面固定时，可采用木螺钉，

但螺钉进木榫长度应为 20～25mm。如楼板为现浇混凝土楼板，则应采用尼龙膨胀螺栓，灯具应装在木台中心，偏差不超过 1.5mm。

（7）各种转、接线箱、盒的口边最好用水泥砂浆抹口。如盒、箱口离墙面较深时，可在箱口和贴脸（门头线）之间嵌上木条，或抹水泥砂浆补齐，使贴脸与墙面平齐。对于安装开关、插座盒子沉入墙面较深时，常用的办法是垫上弓子（即以 φ1.2～1.6 的钢丝绕一长弹簧），然后根据盒子的不同深度，随用随剪。

（8）花灯吊钩圆钢直径不应小于灯具挂销直径，且不应小于 6mm。大型花灯的固定及悬吊装置，应按灯具质量的 2 倍做过载试验。

（9）装有白炽灯泡的吸顶灯具，灯泡不应紧贴灯罩；当灯泡与绝缘台间距离小于 5mm 时，其间应采取隔热措施。

（10）大型灯具安装时，应先以 5 倍以上的灯具质量进行过载起吊试验，如果需要人站在灯具上，还要另外加上 200kg，做好记录进入竣工验收资料归档。

（11）投光灯的底座及支架应固定牢固，枢轴应沿需要的光轴方向拧紧固定。

（12）安装在室外的壁灯应有泄水孔，绝缘台与墙面之间应有防水措施。

5. 灯具配线

灯具配线应符合施工验收规范的规定。照明灯具使用的导线应能保证灯具能承受一定的机械应力和可靠的安全运行，其工作电压等级一般不应低于交流 250V。根据不同的安装场所及用途，照明灯具使用的导线最小线芯截面面积应符合表 6-1 的规定。

表 6-1　线芯最小允许截面面积　　单位：mm²

安装场所及用途		线芯最小截面面积		
		铜芯	铜线	铝线
照明用灯头线	民用建筑室内	0.4	0.5	1.5
	工业建筑室内	0.5	0.8	2.5
	室内	1.0	1.0	2.5
移动式用电设备	生活用	0.2	—	—
	生产用	1.0	—	—

　　灯具用导线应绝缘良好，无漏电现象。灯具内配线应采用不小于 0.4mm² 的导线，并严禁外露。灯具软线的两端在接入灯口之前，均应压扁并涂锡，使软线端与螺钉接触良好。穿入灯箱内的导线在分支连接处不得承受额外应力和磨损，不应过于靠近热源，并应采取措施；多股软线的端头需盘圈、挂锡。

　　软线吊灯的吊灯线应选用双股编织花线，若采用 0.5mm 软塑料线时，应穿软塑料管，并将该线双股并列挽保险扣。吊灯软线与灯头压线螺钉连接应将软线裸铜芯线挽成圈，再涂锡后进行安装。吊链灯的软线则应编叉在链环内。

★关键词 83　安装普通灯具

1. 白炽灯安装

　　白炽灯的安装方法，常用于吊灯、壁灯、吸顶灯等灯具，并安装成许多花型的灯（组）。

　　（1）吊灯安装。安装吊灯需使用木台和吊线盒两种配件。

　　① 木台安装。木台一般为圆形，其规格大小按吊线盒或灯具的法兰选取。电线套上保护用塑料软管从木台出线孔穿

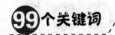

出，再将木台固定好，最后将吊线盒固定在木台上。

　　木台的固定要因地制宜，如果吊灯在木梁上或木结构楼板上，则可用木螺钉直接固定。如果为混凝土楼板，则应根据楼板结构形式预埋木砖或钢丝榫。空心楼板则可用弓形板固定木台，如图6-9所示。

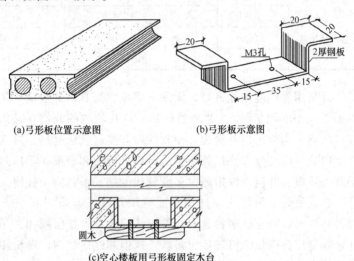

(a)弓形板位置示意图　　　　　　(b)弓形板示意图

(c)空心楼板用弓形板固定木台

图6-9　空心钢筋混凝土楼板木台安装

　　②吊线盒安装。吊线盒要安装在木台中心，要用不少于两个螺钉固定，线吊灯一般采用胶质或塑料吊线盒，在潮湿处应采用瓷质吊线盒。由于吊线盒的接线螺钉不能承受灯具的质量，因此从接线螺钉处引出的电线两端应打好结扣，使结扣处在吊线盒和灯座的出线孔处。如图6-10所示。

　　(2)壁灯安装。壁灯一般安装在墙上或柱子上。当装在砖墙上时，一般在砌墙时应预埋木砖，但是禁止用木楔代替木砖；当然也可用预埋金属件或打膨胀螺栓的办法来解决。当采

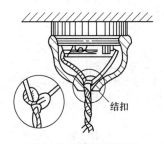

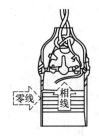

(a)吊线盒内电线的打结方法 　　(b)灯座内电线的打结方法

图 6-10　电线在吊灯两头打结方法

用梯形木砖固定壁灯灯具时，木砖须随墙砌入。木砖的尺寸如图6-11所示。

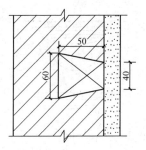

图 6-11　木砖尺寸示意图

在柱子上安装壁灯，可以在其上预埋金属构件或用抱箍将灯具固定在柱子上，也可以用膨胀螺栓固定的办法。壁灯的安装如图 6-12 所示。

（3）吸顶灯安装。

安装吸顶灯时，一般直接将木台固定在天花板的木砖上。在固定之前，还需在灯具的底座与木台之间铺垫石棉板或石棉

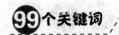

布。吸顶灯安装常见的形式如图 6-13 所示。

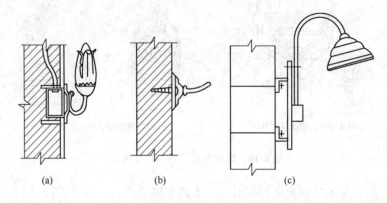

(a)   (b)   (c)

图 6-12　壁灯安装

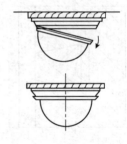

图 6-13　吸顶灯安装

　　装有白炽灯泡的吸顶灯灯具，若灯泡与木台过近（如半扁罩灯），在灯泡与木台间应有隔热措施。

　　（4）灯头安装。

　　在电气安装工程中，100W 及以下的灯泡应采用胶质灯头；100W 以上的灯泡和封闭式灯具应采用瓷质灯头；安全指示灯禁止采用带开关的灯头。安装螺口灯头时，应把相线接在

灯头的中心柱上，即螺口要接零线。

灯头线应无接头，其绝缘强度应不低于 500V 交流电压。除普通吊灯外，灯头线均不应承受灯具质量，在潮湿场所可直接通过吊线盒接防水灯头。杆吊灯的灯头线应穿在吊管内，链吊灯的灯头线应围着铁链编花穿入；软线棉纱上带花纹的线头应接相线，单色的线头接零线。

2. 荧光灯安装

荧光灯一般采用吸顶式安装、链吊式安装、钢管式安装等方法。

（1）吸顶式安装时镇流器不能放在日光灯的架子上，容易造成散热困难；安装时日光灯的架子与天花板之间要留 15mm 的空隙，以便通风。

（2）在采用钢管或吊链安装时，镇流器可放在灯架上。如为木制灯架，在镇流器下应放置耐火绝缘物，通常垫以瓷夹板隔热。

（3）为防止灯管掉下，应选用带弹簧的灯座，或在灯管的两端用管卡牢固。

（4）在安装 3 盏以上吊式日光灯时，安装以前应弹好十字中线，按中心线定位。如果安装的日光灯超过十盏时，可增加尺寸调节板，这时将吊线盒改为法兰盘，尺寸调节板如图 6-14 所示。

（5）在装接镇流器时，要按镇流器的接线图施工，特别是带有附加线圈的镇流器，不能接错，否则要损坏灯管。选用的镇流器、启辉器与灯管要匹配，不能随便代用。由于镇流器是一个电感元件，功率因数很低，为了改善功率因数，一般还需加装电容器。

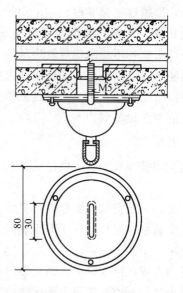

图 6-14　尺寸调节板

3. 高压汞灯安装

高压汞灯有两种，一种需要镇流器，另一种不需要镇流器，所以安装时一定要看清楚。需配镇流器的高压汞灯一定要使镇流器功率与灯泡的功率相匹配，否则会造成灯泡损坏或者启动困难的情况。高压汞灯可在任意位置使用，但水平点燃时，会影响光通量的输出，而且容易自熄。高压汞灯工作时，外玻璃壳温度很高，必须配备散热好的灯具。外玻璃壳破碎后的高压汞灯应立即换下，因为大量的紫外线会伤害人的眼睛。高压汞灯的线路电压应尽量保持稳定，当电压降低 5％时，灯泡可能会自行熄灭，所以应采取调压措施。

4. 嵌入顶棚内的灯具安装

（1）灯具应固定在专设的框架上，电源线不应贴近灯具外壳，灯线应留有余量，固定灯罩的边框边缘应紧贴在顶棚面上。

（2）矩形灯具的边缘应与顶棚面的装修直线平行。如灯具对称安装时，其纵横中心轴线应在同一直线上，偏斜不应大于5mm。

（3）日光灯管组合的开启式灯具，灯管排列应整齐；其金属间隔片不应有弯曲扭斜等缺陷。

5. 花灯安装

（1）固定花灯的吊钩，其圆钢直径不应小于灯具吊挂销钉的直径，且不得小于6mm。

（2）大型花灯采用专用绞车悬挂固定应符合下列要求。

① 绞车的棘轮必须有可靠的闭锁装置。

② 绞车的钢丝绳抗拉强度不小于花灯质量的10倍。

③ 当花灯放下时，钢丝绳的长度距地面或其他物体不得小于200mm，且灯线不应拉紧。

④ 吊装花灯的固定及悬吊装置，应做1.2倍的过载起吊试验。

（3）安装在重要场所的大型灯具的玻璃罩，应采取防止其碎裂后向下溅落的措施。除设计另有要求外，一般可用透明尼龙编织的保护网，网孔的规格应根据实际情况确定。

（4）在配合高级装修工程中的吊顶施工时，必须根据建筑吊顶装修图核实其具体尺寸和分格中心，定出灯位，下准吊钩。对大的宾馆、饭店、艺术厅、剧场、外事工程等的花灯安装，要加强图纸会审，密切配合施工。

（5）在吊顶夹板上开灯位孔洞时，应先选用木钻钻成小孔，小孔对准灯头盒，待吊顶夹板钉上后，再根据花灯法兰盘的大小，扩大吊顶夹板眼孔，使法兰盘能盖住夹板孔洞，保证

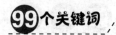

法兰、吊杆在分格中心位置。

（6）凡是在木结构上安装吸顶组合灯、面包灯、半圆球灯和日光灯具时，应在灯具与吊顶直接接触的部位，垫上3mm厚的石棉布（纸）隔热，防止火灾事故发生。

（7）在顶棚上安装灯群及吊式花灯时，应先拉好灯位中心线，按十字线定位。

（8）一切花饰灯具的金属构件，都应做良好的保护接地或保护接零。

（9）花灯吊钩应采用镀锌件，并需能承受花灯自重6倍的重力。特别重要的场所和大厅中的花灯吊钩，安装前应对其牢固程度作出技术鉴定，做到安全可靠。一般情况下，如采用型钢做吊钩时，圆钢最小规格不小于ϕ12；扁钢不小于50mm×5mm。

第2节　专用灯具的安装

★关键词84　安装专用灯具

1. 行灯安装

在建筑电气工程中，除在有些特殊场所，如电梯井道底坑、技术层的某些部位为检修安全而设置固定的低压照明电源外，大都是用移动便携式低压电源和灯具。

36V及以下行灯变压器和行灯安装必须符合下列规定。

（1）行灯电压不大于36V，在特殊潮湿场所或导电良好的地面上以及工作地点狭窄、行动不便的场所行灯电压不大于12V。

（2）行灯变压器为双圈变压器，其电源侧和负荷侧有熔断器保护，熔丝额定电流分别不应大于变压器一次、二次的额定电流。

双圈的行灯变压器次级线圈只要有一点接地或接零即可钳制电压，在任何情况下不会超过安全电压，即使初级线圈因漏电而窜入次级线圈时也能得到有效保护。

（3）行灯变压器的固定支架牢固，油漆完整。

（4）变压器外壳、铁芯和低压侧的任意一端或中性点，与PE 线或 PEN 干线可靠连接。

（5）行灯灯体及手柄绝缘良好，坚固、耐热、耐潮湿；灯头与灯体结合紧固，灯头无开关，灯泡外部有金属保护网、反光罩及悬吊挂钩，挂钩固定在灯具的绝缘手柄上。

（6）携带式局部照明灯电线采用橡胶套软线。

2. 低压照明灯安装

在触电危险性较大及工作条件恶劣的场所，局部照明应采用电压不高于 24V 的低压安全灯。

低压照明灯的电源必须用专用的照明变压器供给，并且必须是双绕组变压器，不能使用自耦变压器进行降压。变压器的高压侧必须接近变压器的额定电流。低压侧也应有熔丝保护，并且低压一端需接地或接零。

对于钳工、电工及其他工种用的手提照明灯也应采用 24V以下的低压照明灯具。在工作地点狭窄、行动不便、接触有良好接地的大块金属面上工作时（如在锅炉内或金属容器内工作），则触电的危险性增大，手提照明灯的电压不应高于 12V。

3. 应急灯安装

应急照明是现代大型建筑物中保障人身安全和减少财产损失的安全设施。对于应急照明灯，其电源除正常电源外，还需另有一路电源供电。这路电源可以由独立于正常电源的柴油发电机组供电，也可由蓄电池柜供电或选用自带电源型应急灯具。在正常电源断电后，转换应急电源的时间不应大于规定时间：疏散照明 15s，备用照明 15s，银行、股票交易厅 1.5s，安全照明 0.5s。

应急照明线路在敷设时，在每个防火分区应有独立的应急照明回路，穿越不同防火分区的线路应有防火隔离措施。

在建筑电气工程中，应急照明包括备用照明、疏散照明和安全照明。

(1) 备用照明安装。备用照明是除安全理由以外，正常照明出现故障而工作和活动仍需继续进行时而设置的应急照明。备用照明的照度往往利用部分或全部正常照明灯具来提供。备用照明宜安装在墙面或顶棚部位。

(2) 疏散照明安装。疏散照明系在紧急情况下将人安全地从室内撤离所使用的应急照明。疏散照明按安装的位置又分为应急出口（安全出口）照明和疏散走道照明。

疏散照明多采用荧光灯或白炽灯，由安全出口标志灯和疏散标志灯组成。安全出口标志灯和疏散标志灯应装有玻璃或非燃材料的保护罩，面板亮度均匀度为 1∶10（最低∶最高），保护罩应完整、无裂纹。

① 安全出口标志灯。安全出口标志灯宜安装在疏散门口的上方，在首层的疏散楼梯应安装于楼梯口的里侧上方。安全出口标志灯距地高度宜不低于 2m。

疏散走道上的安全出口标志灯可明装，而厅室内宜采用暗装。安全出口标志灯应有图形和文字符号，作为无障碍设计要求时，宜加设音响指示信号。

可调光型安全出口标志灯宜用于影剧院的观众厅。在正常情况下减光使用，火灾事故时应自动接通至全亮状态。

② 疏散标志灯。疏散照明要求沿走道提供足够的照明，

能清晰无误的看见所有障碍物，沿指明的疏散路线能够迅速找到应急出口。在疏散路线中应配备一定的消防报警按钮、消防设备和配电箱。

疏散标志灯的设置应不影响正常通行，且不能在其周围设置容易混同疏散标志灯的其他标志牌等。

疏散照明宜设在安全出口的顶部、疏散走道及其转角处距地 1m 以下的墙面上。当交叉口处墙面下侧安装难以明确表示疏散方向时，也可将疏散标志灯安装在顶部。疏散走道上的标志灯应有指示疏散方向的箭头标志。疏散走道上的标志灯间距不宜大于 20m（人防工程不宜大于 10m）。

楼梯间内的疏散标志灯宜安装在休息平台板上方的墙角处或壁装，并应用箭头及阿拉伯数字清楚标明上、下层层号。疏散标志灯的设置原则如图 6-15 所示。

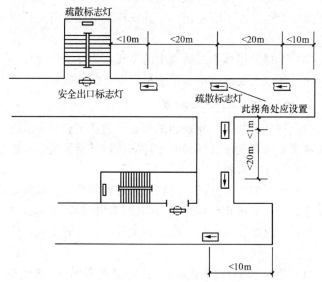

图 6-15　疏散标志灯设置原则示例

疏散照明线路采用耐火电线、电缆，穿管明敷或在非燃烧体内穿刚性导管暗敷，暗敷保护层厚度不小于 30mm。电线采用额定电压不低于 750V 的铜芯绝缘电线。

（3）安全照明安装。

安全照明是在正常照明故障时，能使操作人员或其他人员免处于危险之中而设的应急照明。这种场合一般还必须设疏散应急照明。安全照明多采用卤钨灯或采用瞬时可靠点燃的荧光灯。

★关键词 85　照明设备防护

1. 照明设备的接地

（1）该接地可与电力设备专用接地装置共用。

（2）采用电力设备的接地装置时，严禁与电力设备串联，应直接与专用接地干线连接。灯具安装于电气设备上且同时使用同一电源者除外。

（3）不得采用单相二线式中的零线作为保护接地线。

（4）如以上要求达不到，应另设专用接地装置。

2. 照明灯具的安全防护

（1）灯具安装前，检查和试验布线的连接和绝缘状况。当确认接线正确和绝缘良好时，方可安装灯具等设备，并作书面记录，作为移交资料。

（2）管盒的缩口盖板，应只留通过绝缘导线孔和固定盖板的螺孔，其他无用孔均应用铁、铅或铅铆钉铆固严密。

（3）为保持管盒密封，缩口盖或接线盒与管盒间，应加石棉垫。

（4）绝缘导线穿过盖板时，应套软绝缘管保护，该绝缘管进入盒内 10～15mm，露出盒外至照明设备或灯具光源口内为止。

（5）直接安装于顶棚或墙、柱上的灯具设备等，应在建筑物与照明设备之间，加垫厚度不小于 2mm 的石棉垫或橡胶板垫。

（6）灯具组装完后应做通电亮灯试验。

第3节　照明开关的安装

★关键词86　施工准备

1. 质量要求

（1）开关通过 1.25 倍额定电流时，其导电部分的升温不应超过 40℃。

（2）开关的绝缘能承受 2000V（50Hz）历时 1min 的耐压试验，而不发生击穿和闪络现象。

（3）开关在通以试验电压 220V、试验 1 倍额定电流、功率因数 cosϕ 为 0.8，操作 10 000 次（开关额定电流为 1～4A）、15 000 次（开关额定电流为 6～10A）后，零件不应出现妨碍正常使用的情况（紧固零件松动、弹性零件失效、绝缘零件碎裂等），以 1500V（50Hz）的电压试验 1min 不发生击穿或闪络，通以额定电流时其导电部分的温升不超过 50℃。

（4）开关的操作机构应灵活轻巧，触头的接通与断开动作应由瞬时转换机构来完成。

（5）开关的接线端子应能可靠地连接一根与两根 1～2.5mm² 截面的导线。

（6）开关的塑料零件表面应无气泡、裂纹、铁粉、膨胀、明显的擦伤和毛刺等缺陷，并应具有良好的光泽等。

2. 安装开关前的准备工作

（1）安装位置。对住宅楼的进户门开关位置不但要考虑外开门的开启方向，还要考虑用户在装修时，后安装的内开门的开启方向，以防开关被挡在内开门的门后。开关的安装位置，应区别不同的使用场所，选择恰当的安装地点，以利美观协调和方便操作。

（2）接线盒检查清理。用錾子轻轻地将盒子内部残留的水泥、灰块等杂物剔除，用小号油漆刷将接线盒内杂物清理干净。清理时注意检查有无接线盒预埋安装位置错位（即螺钉安装孔错位 90°）、螺钉安装孔耳缺失、相邻接线盒高差超标等现象，如果有应及时修整。如接线盒埋入较深，超过 1.5cm 时，应加装套盒。

（3）开关接线。

① 双控开关的接线。双控开关一般有三个接线柱（端），中间一个往往是公共端，公共端接相线（即进线），另外两个接线柱（端）控制点一根线分别接在另一个开关的接线柱上（不是公共端接相线柱）。另外一只开关的中间接线柱（端）接连接到灯头的接线。中性线接在灯头的另一个接线柱（端）上。有的双控开关还用于控制应急照明回路需要强制点燃的灯具，则双控开关中的两端接双电源，一端接灯具，即一个开关控制一个灯具。

② 触摸开关、触摸延时开关接线。

一般触摸开关。采用单线制接线，即与普通开关接线方法是一样的，相线进线接一端，另外一端接灯具。

三线触摸开关。两根相线进开关，其中一根为消防火线，一根为电源相线。另外一根控制相线从开关出来到灯头。

③ 普通开关的接线。普通开关一般只有两个接线端，其

中一端接相线，另外一端接灯具相线端。

★关键词 87　安装开关

1. 开关的暗装

暗装开关的种类有扳把开关、跷板开关、卧式开关、延时开关等。根据不同布置需要有单联、双联、三联、四联等形式。

暗装开关要安装在相线（火线）上，使开关断开时电灯不带电。扳把开关盒的按钮位置应为上开下关，如图 6-16。安装位置一般离地面为 1.3m，距门框为 0.15～0.2m。

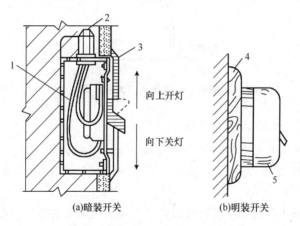

(a)暗装开关　　　　　(b)明装开关

图 6-16　安装开关

1—开关盒；2—电线管；3—开关面板；4—木台；5—开关

安装时，先将开关盒预埋在墙内，但要注意平正，不能偏斜，盒口面要与墙面一致。待穿完导线后，即可接线，接好线后装开关面板，使面板紧贴墙面。扳把开关安装位置如图 6-17所示。

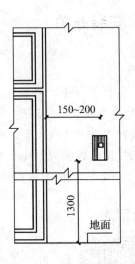

图 6-17　扳把开关安装位置

2. 开关的明装

明装开关安装位置应距地面 1.3m，距门框 0.15～0.2m。拉线开关相邻间距一般不小于 20mm，室外需用防水拉线开关。

槽板配线和护套配线及瓷珠、瓷夹板配线的电气照明用拉线开关，其安装位置离地面一般在 2～3m，离顶棚 200mm 以上，距门框为 0.15～0.2m，如图 6-18（a）所示。拉线的出口朝下，用木螺钉固定在圆木台上。但有些地方为了需要，暗配线也采用拉线开关，如图 6-18（b）所示。

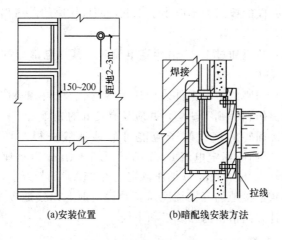

(a)安装位置　　　　　(b)暗配线安装方法

图6-18　拉线开关安装

第4节　插座和底盒的安装

★关键词88　插座要求

1. 技术要求

（1）插座的绝缘应能承受2000V（50Hz），历时1min的耐压试验而不发生击穿或闪络现象。

（2）插头从插座中拔出时，6A插座每一极的拔出力不应小于3N，二、三极插座的总拔出力不大于30N；10A插座每一极的拔出力不应小于5N，二、三、四极插座的总拔出力分别不大于40N、50N、70N；15A插座每一极的拔出力不应小于6N，三、四极插座的总拔出力分别不大于70N、90N；25A

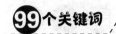

插座每一极的拔出力不应小于 10N，四极插座的总拔出力不小于 120N。

（3）插座通过 1.25 倍额定电流时，其导电部分的温升不应超过 40℃。

（4）插座的塑料零件表面应无气泡、裂纹、铁粉、肿胀、明显的擦伤和毛刺等缺陷，并应具有良好的光泽。

（5）插座的接线端子应能可靠地连接一根与两根 1～2.5mm² （插座额定电流 6、10A）、1.5～4mm² （插座额定电流 15A）、2.5～6mm² （插座额定电流 25A）的导线。

（6）带接地的三极插座从其顶面看时，以接地极为起点，按顺时针方向依次为相线极和中线极。

2. 安装要求

（1）当交流、直流或不同电压等级的插座安装在同一场所时，应有明显的区分标志，且必须选择不同结构、不同规格和不能互换的插座；配套的插头应按交流、直流或不同电压等级区别使用。

（2）住宅内插座的安装数量，不应少于《住宅设计规范（2003 年版）》（GB 50096—2011）电源插座的设置数量，见表 6-2 中的规定。

表 6-2　住宅插座设置数量表

部位	设置数量
卧式、起居室	一个单相三线和一个单相二线的组合插座各两组
厨房、卫生间	防溅水型一个单相三线和一个单相二线的组合插座各一组
布置洗衣机、冰箱、排气机械和空调等处	专用单相三线各一个

（3）暗装的插座面板紧贴墙面，四周无缝隙，安装牢固，表面光滑整洁，无碎裂、划伤，装饰帽齐全。

（4）落地插座应有保护盖板，插座面板与地面齐平或紧贴地面，盖板固定牢固，密封良好。

（5）接地或接零线在插座间不串联连接。

★关键词89　安装插座

1. 安装位置

（1）一般场所安装的插座距地面高度应不低于1.3m，在托儿所、幼儿园、住宅及小学校等场所应不低于1.8m。

（2）车间及实验室的明、暗插座距地面高度应不低于0.3m。特殊场所暗装插座，一般不低于0.15m。

（3）同一场所安装的插座高度应尽量一致，偏差不得大于5mm，成排安装的插座高度偏差不得大于2mm，并列间距不得大于0.5mm。

（4）暗设的插座应有专用盒，盖板应紧贴墙面，如图6-19所示。

（5）特殊情况下，使用有触电危险的家用电器时，应采用能断开电源的带开关插座，触电时能及时关闭开关断开相线。

（6）潮湿场所采用密封型并带保护地线触头的保护型插座，安装高度不低于1.5m。

（7）为安全使用，插座盒不应设在水池、水槽及散热器等场所的上方，更不能被挡在散热器的背后。

（8）插座如设在窗口一侧时，应对照采暖图纸，插座盒应设在与暖气管道相对应的窗口另一侧墙垛上。插座盒也不宜设在小于370mm的墙垛或混凝土柱上，如墙垛或柱小于370mm

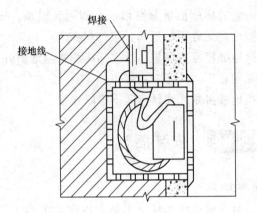

焊接

接地线

图 6-19　暗插座安装

时，应设在中心处，以求美观大方。

（9）插座盒不应设在室内墙裙或踢脚板的上皮线上，也不应设在室内最上皮瓷砖的上口线上。

（10）住宅厨房内设置供排油烟机使用的插座，应设置在煤气台板的侧上方。

（11）插座的设置还应考虑避开煤气管、表的位置，插座距煤气管、表的距离不应小于 0.15m。

（12）插座与给、排水管的距离不应小于 0.2m；插座与热水管的距离不应小于 0.3m。

2.　插座接线

插座接线时可参照图 6-20 进行，同时，还应符合下列各项规定。

（1）插座接线的线色应正确，盒内出线除末端外应做并接头，分支接至插座，不允许拱头（不断线）连接。

（2）单相两孔插座，面对插座的右孔或上孔与相线（L）

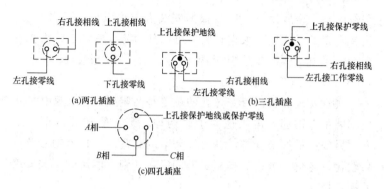

图 6-20　插座的接线图

连接，左孔或下孔与中性线（N）连接。

（3）单相三孔插座，面对插座的右孔与相线（L）连接，左孔与中性线（N）连接，PE 线或 PEN 干线接在上孔。

（4）三相四孔及三相五孔插座的 PE 线或 PEN 干线接在上孔，同一场所的三相插座，接线相序应一致。

（5）插座的接地端子（e）不与中性线（N）端子连接；PE 线或 PEN 干线在插座间不串联连接，插座的 L 线和 N 线在插座间也不应串接，插座的 N 线不与 PE 线混同。

（6）照明与插座分回路敷设时，插座与照明或插座与插座各回路之间，均不能混同。

★关键词90　安装底盒

底盒就是插座、开关面板后面用于盛放电线，实现连接与保护作用的盒子。底盒可以分为 86 型、118 型、116 型、146型、双 86 型等。通用 86 型底盒外形尺寸为 86mm×86mm，通用 146 型底盒外形尺寸为 146mm×86mm。底盒还可以分为塑料底盒、金属底盒。底盒根据安装方式可以分为暗装底盒、明装底盒。电线底盒根据材料，可以分为防火底盒、阻燃类底盒。家装中一般选择阻燃型底盒。底盒的深度有 35mm、40mm、50mm 等几种规格。

底盒安装面板两个螺丝孔的位置有两侧型、底上型。如果遇到墙里有钢筋，需要把盒子底切掉，则一般选择两侧型底盒。另外，最好选择螺丝孔可以调节的底盒。质量差的底盒容易软化、老化。如果选择质量差的底盒，则可能影响开关安装的稳定性。

底盒中的电线接头多，安装接线时要注意安全。

底盒除常与开关、插座面板配套使用外，还可以与空白面板配套使用。面板下面有线路接头，空白面板起遮盖、安全、美观、预留等作用。

第5节　电视系统的安装

★关键词91　安装卫星天线

安装天线的顺序为：场地选择，确定天线的仰角、方位角和高频头的极化角，安装天线，安装高频头，调整天线的仰角、方位角、固定天线，防雷接地，安装馈线。

1. 场地选择

天线安装场地的选择关系到信号质量、安装、调试、维护和安全。安装天线的场地应选择结构坚实、地面平整的场地，应充分考虑安装的地点要便于架设铁塔、钢架、水泥基座等天线支撑物，并保证长期稳定可靠。由于微波通信易受干扰，对

天线场地需要进行测试，选择信号场干净、防风、易于防雷的场地，并且在天线指向卫星的方向上没有明显遮挡物，天线指向周围遮挡物的连线与天线指向卫星的连线之间的角度应大于5°。要求有足够视野的空旷地面或楼顶上，地面应平整，并有牢靠的地基和可靠的接地装置。天线与卫星接收机之间的距离要尽可能的近。

2. 确定天线指向

天线在实施安装之前，须根据卫星的经度和接收站的地理经纬度确定天线的仰角、方位角，以便使天线对准卫星。要计算接收天线的仰角与方位角，需知道卫星的定点位置、接收点的地理位置（经度和纬度）。仰角、方位角的计算公式如下（建议用第一个公式）：

方位角计算公式：$A_z = \arctan(\tan\phi_{CH}/\sin\theta)$

$$A_z = \arctan[\tan(\phi_W - \phi_D)/\sin\theta]$$

仰角计算公式：$EL = \arctan\dfrac{\cos\phi_{CH}\cos\theta - 0.1512}{\sqrt{1 - \cos\phi_{CH}\cos^2\theta}}$

或　　$EL = \arctan\dfrac{\cos(\phi_W - \phi_D)\cos\theta - 0.1512}{\sqrt{1 - \cos^2(\phi_W - \phi_D)\cos^2\theta}}$

其中：ϕ_{CH}为卫星位置经度 ϕ_W 与地面接收天线位置经度 ϕ_D 之差，θ 为地面接收天线位置的纬度。

当 ϕ_{CH} 为正值时，高频头顺时针转 ϕ_{CH} 度，反之，则逆时针转。

根据算出的仰角和方位角进行天线方向的调试，使之对准所要接收的卫星的电视信号，这是粗调。然后进行细调，使所收的信号最佳。

在工程上常用指南针定向。由于磁南北极与地理南北极之间存在磁偏角，因此以磁南为0°时，上述求出的方位角必须用磁偏角修正后才是天线的方位角。在城市中由于各种建筑物中的钢筋的影响，使指南针的定向并不十分准确，只作为参考值。

实用计算天线参数的软件，只要输入当地地名或周边大城市的名称，即可计算出所有同步卫星的参数，实用方便。

3. 安装天线

天线组装后，安装前不要放在楼顶上，以防止雷击和大风的损坏。

如在屋顶上选择没有防水层的屋梁来固定天线，如果屋顶都是防水层，要在防水层上砌一个 1m 见方、高 25cm 左右的水泥平台，并用水平仪检查水平情况，在该平台上安装天线。

安装卫星天线，把卫星天线对准卫星：亚洲二号卫星，位于经度为 100.5° 的赤道上空。

卫星接收天线的安装最大的难点在于天线的方位、仰角和高频头的位置及极化角度的调整，需要一定的经验。

将天线连同支架安装在天线座架上，天线的方位通常有一定的调整范围，应保证在接收方向的左右有足够的调整余地。对于具有方位度盘和俯仰度盘的天线，应使方位度盘的 0° 与正北方向、俯仰度盘的 0° 与水平面保持一致。正北方向的确定，一般采用指北针测出地磁北极。再根据当地的磁偏角值进行修正，也可利用北极星或太阳确定。

较大的天线一般都采用分瓣包装运输，故在安装时，应将各部分重新组装起来。天线组装后，型面的误差、主面与副面之间的相对位置、馈源与副面的相对位置，均应用专用工具进行校验，保证误差在允许的范围内。校验完毕，应固紧螺栓。

天线馈源安装是否合理，对天线的增益影响极大。对于前馈天线，应使馈源的相位中心与抛物面焦点重合；对于后馈天线，应将馈源固定于抛物面顶部锥体的安装孔上，并调整副发

射面的距离，使抛物面能聚焦于馈源相位中心上。天线的极化器安装于馈源之后。对于线极化波（水平极化和垂直极化），应使馈源输出口的矩形波导窄边与极化方向平行；对于圆极化波（如左旋圆极化波），应使矩形导波口的两窄边垂直线与移相器内的螺钉或介质片所在平面相交成 45°角的位置。

4. 高频头的安装与位置的调整

当地面卫星接收天线安装完毕之后，就可着手安装高频头 LNBF，具体步骤如下：

（1）安装馈源并根据天线参数 F/D 值，将馈源盘凸缘端面对准 LNBF 侧面的 F/D 相应刻度上；

（2）使 LNBF 顶端面上"0"刻度垂直水平面；

（3）紧固馈源各个安装件；

（4）把 LNBF 的 IF 输出电缆与接收机的 LNBF 输入端连接好。

当接收天线波束已调整对准某颗卫星后（天线调整方法请参阅 PBI 超级系列极轴卫星天线装配与校准手册），便可使用 SL-1000 卫星信号测试仪调整 LNBF 的位置，此时应将 LNBF 的输出电缆改接至 SL-1000 的输入端，其步骤如下。

（1）首先应检查馈源是否处于抛物面天线的中心，焦点是否正确，否则可以稍微调整馈源支撑杆；使之对准（以信号最大为准）。

（2）检查 LNBF 侧面的 F/D 刻度是否按天线所给参数 F/D 对准，为此可略微前后调整，使 SL-1000 信号显示最大。

（3）卫星发射的电视信号，只有在卫星所在经度的子午线上，其极化方向才完全是水平或垂直的，而在其他地区接收时，会略有偏差，在实际接收的情况下，应稍微旋转 LNBF 的方向，以使信号最大，这时 LNBF 顶端面上的刻度"0"可

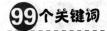

能不完全是垂直水平面。

（4）按动卫星接收机 H/V 键，这时另一极化方向的信号亦应是最佳的。

5. 天线角度调整

在对准卫星的操作中，可以使用寻星仪。如果没有寻星仪，可以使用数字接收机，来对准电视卫星进行天线角度调整。方位角和仰角的示意图见图 6-21。

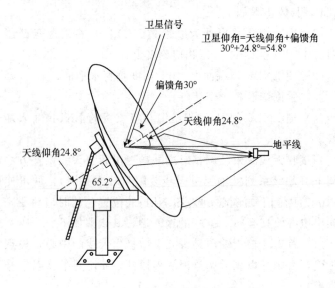

图 6-21　方位角和仰角的示意图

注：偏馈天线为高频头不安装在天线中轴线上，偏离中心轴线一定角度的天线，这个角叫偏馈角。

6. 避雷与接地

由于卫星接收天线架设在室外，因而避雷是十分重要的环节。将天线的支架与高楼或铁塔的接地线连接起来。应确定原

接地线是否合理、可靠，否则应另埋设接地装置，然后根据接收天线附近的环境条件安装避雷针。

如果在天线附近已有较高的铁塔或已架设避雷针，则首先应判断这些已有的铁塔或避雷针是否能对天线起保护作用。

安装避雷针的另一重要环节就是埋设与避雷针体联结的接地体，避雷针的接地应单独走线，不能与设备接地线共用。接地结果，应使避雷针接地体的接地电阻值小于 4Ω。为了达到这一要求，应在避雷针周围（最远不超过 30m）寻找一处土质较好的地方，打入若干根长度为 $2.5\sim3m$ 的镀锌角钢，每两根间的距离为 $4\sim5m$，再用镀锌角钢焊接起来；或者挖一个面积为 $1m^2$ 的坑，埋入一块相应大小的镀锌铁块。然后在埋设角钢或铁板的地上灌入食盐水或化学降阻剂，以进一步降低接地电阻。此外，为了防止雷电在输入电源线上感应产生的高压进入设备，应在电源入线安装市电防雷保安器。

7. 天线与卫星接收机之间的馈线

天线与卫星接收机之间的馈线要尽可能的短，应根据馈线的长度增加其线径，以便保证衰减不致太大。

★关键词 92　安装电视系统

1. 前端设备的安装

前端设备的安装主要是指接收机、工作站、调制器、放大器、混合器等部件的安装，对智能建筑电视系统是小型系统，前端设备不多，一般是和其他系统共用一个机房，但单独一个机柜。按照机房平面布置图进行设备机架与播控台定位，然后统一调整机架和播控台，达到竖直平稳，设备安装要牢固、整体美观。

射频信号的输入、输出电缆避免平行布线，射频电缆采用高屏蔽性、反射损耗小的电缆，以减少干扰和泄漏，尽量缩短信号连接电缆的长度。选择优质的连接头，并严格控制连接接头制作质量，在信号连接中，适当地留有备份，以便增容和维护。设备、连线设置标识，以方便测试和维修。

电源线、信号线要分开布置。连接线应有序排列并用扎带固定，保证可靠、增加美观，线两端应写好来源和去向的编号，做好永久性记号以方便调试与维修。

在接地线处理上，应注意到前端机房的地线直接从接地总汇集线上单独引入，距离不应太远，采用扁钢、铜线、机房内地线结构以一点接地，星形连接，连接到设备机架上的地线选用截面积 $6mm^2$ 以上的多股铜线，并保证接触良好。

2. 分配网络的安装

（1）电视系统的分配网络安装中线缆敷设，应注意以下各点。

① 架空电视电缆应用钢绳敷设，采用挂钩时，其间距应为 1m 左右。架空线中间不应有接头，不能打圈。跨越距离不大于 35m。

② 沿墙敷设电缆距地面应大于 2.5m，转弯处半径不得小于电缆外径的 6 倍。沿墙水平走向电缆线卡距离一般为 0.4～0.5m，竖直线的线卡距离一般为 0.5～0.6m。电缆的接头应严格按照步骤和要求进行安装，放大器与分支器、分配器的安装要有统一性、稳固、美观、便于调试，整个电缆敷设应做到横平竖直、间距均匀、牢固、美观、检修方便等。

（2）电视系统的分配网络安装中放大器、分配器和分支器的安装：在每栋楼房的进线处设一个放大器箱，箱内用来安装均衡器、衰减器、分配器、放大器等部件。各分支电缆通过安装的穿线管通向每个用户终端。

（3）用户终端盒的安装：用户终端盒通过电缆与有线电视网络终端机如电视机、机顶盒、PC 接收卡等的有线电视信号输入端相连。用户终端盒底座是标准件，一般预埋在墙体内，终端盒面板又分单孔、双孔和三孔等，面板接好分配电缆就可以安装在底盒上。

3. 电视系统安装的施工要求

（1）卫星接收天线的安装要求。

① 卫星天线基座的安装应根据设计图纸的位置、尺寸，在土建浇筑混凝土层面的同时进行基座制作，基座中的地脚螺栓应与楼房顶面钢筋焊接连接，并与地网连接。

② 在天线收视的前方应无遮挡。所需收视频率应无微波干扰。

③ 接收天线确定好最优方位后，必须安装牢固。

④ 天线调节机构应灵活、连续，锁定装置应方便牢固，并有防锈蚀措施和防灰沙的护套。

⑤ 卫星接收天线应在避雷针保护范围内，避雷装置应有良好接地系统，天线底座接地电阻应小于 4Ω。

⑥ 避雷装置的接地应独立走线，严禁将防雷接地与接收设备的室内接地线共用。

（2）接收机、工作站等前端设备的安装要求。

① 前端设备应牢固安装在机房或设备间内的专用设备箱体内。

② 前端设备的供电装置应采用交流（220V）电源专线供电，供电装置应固定良好。

③ 前端设备、设备箱体和供电装置按设计要求应良好接地，箱内应设有接地端子。

（3）放大器的安装要求。

① 放大器应固定在设置于设备间或竖井内的放大器箱内，放大器箱室内安装高度不宜小于1.2m，放大器箱应安装牢固。

② 放大箱及放大器等有源设备应做良好接地，箱内应设有接地端子。

③ 干线放大器输入、输出的电缆，应留有不小于1m的余量。

④ 在放大器不用的端口处，应接入一个75Ω终端电阻，并可靠连接。

（4）分支器、分配器安装要求。

① 分支器、分配器的安装位置和型号应符合设计文件要求。

② 分支器、分配器应固定在分支分配箱体底板上。

③ 电缆在分支器、分配器箱内应留有箱体半周长的余量。

④ 分支器、分配器与同轴电缆相连，其连接器应与电缆型号相匹配，并连接可靠，防止松动、防止信号泄露。

⑤ 系统所有支路的末端及分配器、分支器的空置输出均应接75Ω终端电阻。

（5）安装在设备间、竖井以外的放大箱、分支分配箱、过路箱和终端盒应采用墙壁嵌入式安装方式。每条缆线应连接可靠，并做好标识。

（6）缆线敷设施工要求。

① 有线电视同轴电缆不得与电力系统电力线共穿于同一暗管内，暗管内孔截面积的利用率应不大于40%。

② 暗管与其他管线的最小间距应符合《有线电视分配网络工程安全技术规范（附条文说明）》GY 5078—2008的规定。

③ 缆线弯曲度不应小于缆线规定的弯曲半径，在转弯处

要留有余量。

④ 缆线在布放前两端应贴有标签，以表明起始和终端位置，标签书写应清晰和正确。

⑤ 在缆线整个铺设过程中，不应造成缆线挤压而引起变形、缆线撞击和猛拉、扭转或打结。

（7）同轴电缆连接器安装应符合《有线电视网络工程施工及验收规范》GY 5073—2005 的规定。

（8）用户室内终端的安装要求。

① 用于暗装的终端盒必须符合设计文件要求。

② 暗装的终端盒面板应紧贴墙面，四周无缝隙，安装应端正、牢固。

③ 明装的终端盒和面板配件应齐全，与墙面的固定螺丝钉不得少于 2 个。

④ 终端盒安装高度不小于 300mm。

（9）卫星接收及有线电视系统防雷、接地系统应符合《有线电视分配网络工程安全技术规范（附条文说明）》GY 5078—2008 的规定。

★关键词93　调试电视系统

1. 调试电视系统

（1）系统统调，就是在前端、干线系统、分配网络进行调试结束之后对系统进行全面调整，调整各部分的电平，也称系统总调试。调试的顺序是从前端开始，逐条干线、逐台放大器进行调试。统调是在短时间连续进行的，是温度大约一致的情况下进行的，所以统调能克服安装时进行的调试的不足。统调工作最好在 10～25℃ 的温度下进行。在统调时对每遍调试工作进行记录，记录每个频道电平并要记准日期和温度，把记录资料存档。

（2）对干线的调试：干线传输系统是由供电器、干线放大器、同轴电缆等器材组成。它的作用是将前端系统输出的各种信号，不失真，且稳定可靠地传输到分配系统，传输到各用户。

对干线调试的程序是：先调试供电系统，后调试放大器的电平。

（3）调整供电系统的目的是保证对放大器正常供电，只有供电正常，放大器才能正常工作，所以不能忽视对供电系统的调整。

供电调试，先安装调整好供电器和电源插入器，特别要注意供电器功率，后调试每个放大器的本身供电部分。目前市面所使用放大器的供电电源有两种，一种是开关电源，另一种是挡位电源。对使用开关电源的放大器，不存在调整问题，对于挡位电源的放大器，必须对放大器的电源进行调整。电缆传输距离越远，对放大器电源的调整工作越显得突出，越应仔细。对放大器的电源调试需有前提，那就是按设计一台供电器所供的放大器台数都安装完毕并通电后，对每台放大器的供电部分进行调试。如果安装一台调试一台，调试的结果是不准确的，会使干线系统产生干扰。供电调试后，从前端出口第一台放大器开始逐级调试放大器的输入电平、输出电压和斜率。在调试过程中对输入、输出、斜率三个量掌握不好，会使系统指标劣化。因此，在调试干线放大器时一定要严格，认真按设计和放大器的标称额定输入、输出电平调试。各厂家给定的标称输入、输出电平值，是保证各厂放大器工作在最佳状态。

2. 调试电视系统要求

电视系统调试与测试可以按照如下的内容来进行。

（1）卫星接收天线及系统调试要求。

① 应根据所接收的卫星参数调整卫星接收天线的方位角和仰角。

② 卫星接收机上的信号强度和信号质量应达到信号最强的位置。

③ 应测试天线底座接地电阻值。

（2）前端系统调试要求。

① 前端系统调试在机房接地系统、供电系统和防雷系统检测合格之后进行。

② 调制器的频道应避开电场强的开路信号频道。

③ 应调整调制器的输出电平至该设备的标称电平值。

（3）电缆线路和分配网络系统调试要求。

① 调试范围包括光工作站、各级放大器等有源设备和电缆、分支分配器直至用户终端盒等无源器材。整个调试应进行正向调试和反向调试。

② 正向调试测量有源设备（含干线放大器、分配器和放大器等）正向输入、输出技术指标以及输出斜率，并适当调整衰减、均衡器等部件使测量值与设计值一致。

③ 反向调试按照《HFC 网络上行传输物理通道技术规范》GY/T 180－2001 进行。测量有源设备反向输入、输出技术指标以及输出斜率，并适当调整衰减、均衡器等部件使测量值与设计值一致。检测指标结果应符合设计文件要求。

第 7 章　用电安全

第1节　安全用电常识

★关键词94　用电须知

施工过程中安全用电是工程得以按时、按质、按量完成的重要保证，施工用电事故几乎都是由施工人员不按规范操作和安全意识不强引起的，所以，家装水电要求有严格的工程管理，并且要加强施工人员的安全意识，才能保证施工用电安全。

（1）入户电源线避免过负荷使用，破旧老化的电源线应及时更换，以免发生意外。

（2）接临时电源要用合格的电源线、电源插头，插座要安全可靠，损坏的不能使用，电源线接头要用胶布包缠好。

（3）严禁私自从公用线路上接线，以免产生不必要的电费纠纷。

（4）房间装修，隐藏在墙内的电源线要放在专用阻燃护套内，电源线的截面积应满足负荷要求。

（5）使用电动工具如电钻等，须戴绝缘手套。

（6）装修用电应装设带有过电压保护的调试合格的漏电保护器，以保证使用电器时的人身安全。

（7）湿手不能触摸带电的电器，不能用湿布擦拭使用中的电器，进行电器修理必须先关闭电源。

（8）严禁接地线接在煤气管、天然气管或水管上。发现煤气、天然气漏气时先开窗通风，千万不能拉合电源，并及时通知专业人员修理。

（9）使用电烙铁等电热器件，必须远离易燃物品，用完后应切断电源，拔下电源插头以防意外。

（10）要养成好习惯，做到人走断电，停电断开关，触摸壳体用手背，维护检查要断电，断电要有明显断开点。

★关键词 95　触电伤害

人体组织中 60％以上是由具有导电性能的水分子组成的，因此人体是电的良导体。当人体接触设备的带电部分并形成电流通路时，就会有电流流过人体，导致触电。

触电对人体伤害程度的大小，取决于通过人体电流的大小、种类和途径；还取决于通过人体电流的持续时间。心脏是人体的薄弱环节，通过心脏的电流越大，时间越长，对人体的损伤便越大。触电电流的大小对人体的作用见表 7-1。

表 7-1　人体通过不同大小的电流时所产生的反应

电流/mA	50Hz 交流电	直流电
0.6～1.5	手指开始感觉发麻	无感觉
2～3	手指感觉强烈发麻	无感觉
5～7	手指肌肉感觉痉挛	手指感觉灼热和刺痛

续表

电流/mA	50Hz 交流电	直流电
8～10	手指关节与手掌感觉痛，手难于脱离电源，但尚能摆脱电源	灼热感增加
20～25	手指感觉剧痛，迅速麻痹，不能摆脱电源，呼吸困难	灼热感更强，手的肌肉开始痉挛
50～80	呼吸麻痹，心房开始震颤	强烈灼痛，手的肌肉痉挛，呼吸困难
90～100	呼吸麻痹，持续 3s 或更长时间后心脏麻痹或心房停止跳动	呼吸麻痹

通过表 7-1，得知 50～60Hz 的交流电对人体来说最危险。根据经验，人体能够摆脱的握在手中导电体的最大电流值称为安全电流，约为 10mA。当大于 10mA 的交流电流或大于 50mA 的直流电流通过人体时，就会危及生命。

★ **关键词 96**　　**预防触电**

1. 防止触电的安全措施

为了更好地使用电能，防止触电事故的发生，必须采取一些安全措施。

（1）使用各种电气设备时，应严格遵守操作规程和操作步骤。

（2）各种电气设备，尤其移动式电气设备，应建立经常或定期的检查制度，如发现故障或与有关规定不符合时，应及时

加以处理（比如采用保护接地和保护接零等安全措施）。

（3）禁止带电工作。如必须带电工作时，应采取必要的安全措施（如站在橡胶皮上、干燥的绝缘物上或穿上橡胶绝缘靴）。带电操作必须遵循有关的安全规定，由经过培训、考试合格的人员进行，并派有经验的电气专业人员监护。

（4）具有金属外壳的电气设备的电源插头一般使用三极插头，其中带有"⊥"符号的一极应接到专用的接地线上。禁止将地线接到水管、煤气管等埋于地下的管道上使用。

2. 防止跨步电压触电

当人体突然进入高电压线跌落区时，不必惊慌，首先看清高压线的位置，然后双脚并拢，作小幅度跳动，离开高压线越远越好（8m 以上），千万不能迈步走，以防在两脚间产生跨步电压。

★关键词 97　　心肺复苏法

心肺复苏术是用于呼吸和心跳突然停止、意识丧失者的一种现场急救方法，其目的是通过口对口吹气和胸外按压来向触电者提供最低限度的脑供血。

心肺复苏法主要包括气道畅通、口对口人工呼吸、胸外心脏按压三项基本措施。

心肺复苏法的技术要点如图 7-1 所示，可按照 A、B、C 的顺序进行。

当触电者脱离电源后，首先应判断是否失去知觉，有无呼吸心跳，若无反应则应立即开始做心肺复苏。心肺复苏开始得越早，抢救的成功率越高。

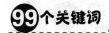
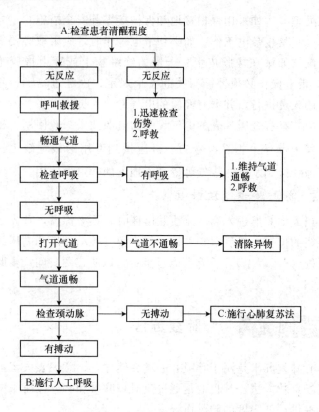

图7-1　心肺复苏法的技术要点

第2节　火宅扑救

★关键词98　断电灭火

电气设备发生火灾时，由于是带电燃烧，所以十分危险。

现场抢救人员首先应立即切断有关电源，然后再进行灭火。断电灭火应注意以下几点。

（1）切断电源的位置要选择适当，防止切断电源后影响扑救工作的进行。

（2）在离配电室或动力配电箱较近时，可断开油断路器、空气断路器或其他可带负荷拉闸的负荷开关，但不能带负荷拉隔离开关，以免电弧短路而发生危险。

（3）剪断电源线的位置选择在电源方向有支持物的附近，不同部位应分别剪断，以防止线路发生短路或导线剪断后跌落在地上造成接地短路，危及人身安全。

（4）在火灾现场，由于开关设备受潮或受烟熏，其绝缘性能会下降，因此在切断电源时，应使用绝缘操作棒或戴橡胶绝缘手套进行操作。

（5）燃烧情况对临近运行设备有严重威胁时，应迅速拉开相应的断路器和隔离开关。

★关键词99 带电灭火

电气设备发生火灾时，一般应先切断电源后再进行扑救，这样可减少触电危险。但如果火势迅猛，来不及断电，或因某种原因不可能断电，为了争取灭火时机，防止灾情扩大，则可进行带电灭火。带电灭火应注意以下几点。

（1）带电灭火要使用不导电的灭火剂进行灭火，如二氧化碳、1211、干粉灭火器等。严禁使用导电的灭火剂，如喷射水流、泡沫灭火器等。

（2）必须注意周围环境情况，防止身体、手、足或者使用的消防器材等直接与有电部分接触，或与带电部分过于接近而

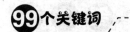

造成触电事故。带电灭火时，应戴橡胶绝缘手套。

（3）在灭火中若电气设备发生故障，如电线断落于地，在局部地域将产生跨步电压，扑救人员进入该区域进行灭火时，必须穿好橡胶绝缘靴。

参考文献

［1］王红英．基础与水电材料［M］．北京：中国建筑工业出版社，2014．

［2］阳鸿钧．水电工技能全程图解：家装、店装、公装一本通［M］．北京：中国电力出版社，2014．

［3］黄利勇．最新实用水电安装手册［M］．广州：广东科技出版社，2013．

［4］汪硕．机电安装工程［M］．北京：中国铁道出版社，2013．

［5］段志勇．电气设备安装及调试（第二版）［M］．北京：中国水利水电出版社，2013．

［6］潘旺林．水电工实用手册［M］．北京：化学工业出版社，2012．

［7］库振勋，李伟，王建．最新家庭电路设计与安装［M］．郑州：河南科学技术出版社，2011．

［8］《就业金钥匙》编委会．水电工上岗一路通（图解版）［M］．北京：化学工业出版社，2013．

［9］阳鸿钧．装饰装修水电工 1000 个怎么办［M］．北京：中国电力出版社，2011．

［10］乔长君．水电工操作技能一本通（双色）［M］．北京：中国电力出版社，2013．

［11］周翔．泥瓦工与水电工验收宝典［M］．北京：科学出版社，2011．

［12］王春燕，张勤．高层建筑给水排水工程（第2版）［M］．重庆：重庆大学出版社，2011.

［13］魏永．图解给水排水工程细部工艺［M］．北京：化学工业出版社，2011.

［14］黄海平，黄鑫，于芳．电工电路现场接线红宝书［M］．北京：科学出版社，2012.

［15］金柏芹．电工基本技能训练［M］．北京：中央广播电视大学出版社，2005.

［16］成军．建筑施工现场临时用电［M］．北京：中国建筑工业出版社，2005.

［17］凌玉泉，黄海平．图解装饰装修电工从入门到精通［M］．北京：化学工业出版社，2013.